我对于蜜蜂的最初印象，源于小学课文——杨朔先生的散文《荔枝蜜》，"多可爱的小生命啊，对人无所求，给人的却是极好的东西"，我真的被小蜜蜂感动了。晚唐诗人罗隐的"采得百花成蜜后，为谁辛苦为谁甜"千古名句，更是脍炙人口，令人回味无穷。没有想到，读着读着，我竟然与蜜蜂结下了不解之缘……

养蜂那些事儿

蜜蜂饲养·保护·授粉应用

王 星 著

中国农业科学技术出版社

图书在版编目（CIP）数据

养蜂那些事儿 / 王星著 . —北京：中国农业科学技术出版社，2018.8
ISBN 978-7-5116-3757-4

Ⅰ. ①养… Ⅱ. ①王… Ⅲ. ① 养蜂—普及读物 Ⅳ. ① S89-49

中国版本图书馆 CIP 数据核字（2018）第 141027 号

责任编辑 李冠桥　闫庆健
责任校对 马广洋

出 版 者 中国农业科学技术出版社
　　　　　 北京市中关村南大街12号　　邮编：100081
电　　话 （010）82109705（编辑室）　（010）82109702（发行部）
　　　　　 （010）82109709（读者服务部）
传　　真 （010）82106625
网　　址 http://www.castp.cn
经 销 者 全国各地新华书店
印 刷 者 北京富泰印刷有限责任公司
开　　本 710mm×1 000mm　1/16
印　　张 15
字　　数 273千字
版　　次 2018年8月第1版　　2018年8月第1次印刷
定　　价 59.00元

自 序

我对蜜蜂的最初印象，源于小学课文——杨朔先生的散文《荔枝蜜》，"多可爱的小生命啊，对人无所求，给人的却是极好的东西"，我真的被小小的蜜蜂感动了。晚唐诗人罗隐的"采得百花成蜜后，为谁辛苦为谁甜"千古名句，更是脍炙人口，令人回味无穷。没有想到，读着读着，我竟然与蜜蜂结下了不解之缘。

一九九八年我到中国农业科学院蜜蜂研究所进修，开始与这些"小精灵"亲密接触，掰指头一算，我已经和它们厮混了二十年！

二十载的朝夕相处，我对这些小东西又爱又恨，喜欢看它们在花间穿行，听它们在耳畔飞舞，伴它们一点点长大。恨的是，这帮小家伙对我依然不客气，惹得不高兴了，随时会发起自杀式攻击，毫不手软！养蜂二十年，爱恨交织，对它们的兴趣却一发不止，时间愈久愈割舍不下。还真应了那句话，"事实比想象更离奇"！正因如此，我的梦想就是，开个养蜂车，带着这些小精灵，开启我的大江南北的赏花之旅。

前些年，出了一本书，叫《养蜂实用技术》。因为当时评职称要用，就把原来编写的养蜂讲义掺和上十几年来的养蜂实践经验，打包出版了。没想到，这书居然能卖出去，居然有人买，还居然印刷了四次。看来喜欢蜜蜂的不止我一个，想要了解蜜蜂的也有很多人。于是，胆子就大了，这不，想把这些年养蜂的经验教训总结，准备再版。

本人不是作家，不敢妄谈文笔，但从实用技术的角度去写又显刻板乏味，且失去了蜜蜂的灵性。无独有偶，去年看了一本书，叫《明朝那些事儿》，明明是历史，我当故事给读了。然后颇有感慨，我为什么不能写本这样的书呢？内容尽量实用，语言尽量通俗，图片尽量新鲜，写给不养蜂的、想养蜂的和正养蜂的人看的书。看一看蜜蜂如何酿造甜蜜生活，见识一下天才的建筑师，探究神秘的

"8"字舞，了解蜜蜂授粉的巨大贡献，体会博大精深的蜜蜂文化……走近蜜蜂您才会知道，它们有各种各样的奇思妙想和许许多多不为人知的秘密。

现在，终于要写一本通俗版养蜂技术的书，干脆取名为《养蜂那些事儿》，说说蜜蜂的饲养、保护与利用。完成此书，祈能为养蜂者及喜爱蜜蜂的人们提供一些帮助，更请同道诸君，多赐教诲以匡不逮，则不胜荣幸。

最后声明：既然是说，自然是一家之言，水平有限，欢迎切磋技术。好评差评，您喜欢就行。

王　星

二〇一八年于丹东

目　录

第八章　蜜蜂产品

第九章　蜜蜂的病虫害防治

第十章　蜜蜂授粉

第十一章　熊蜂饲养及授粉应用

第十二章　壁蜂饲养与授粉应用

第十三章　切叶蜂饲养与授粉应用

第一章 认识蜜蜂

一、走近蜜蜂

（一）蜜蜂文化

我对于蜜蜂的印象，起源于小学课文，杨朔的散文《荔枝蜜》。

"我的心不禁一颤：多可爱的小生灵啊！对人无所求，给人的却是极好的东西。蜜蜂是在酿蜜，又是在酿造生活；不是为自己，而是在为人类酿造最甜的生活。蜜蜂是渺小的；蜜蜂却又多么高尚啊！

"透过荔枝树林，我沉吟地望着远远的田野，那儿正有农民立在水田里，辛辛勤勤地分秧插秧。他们正用劳力建设自己的生活，实际也是在酿蜜——为自己，为别人，也为后世子孙酿造着生活的蜜。

"这黑夜，我做了个奇怪的梦，梦见自己变成一只小蜜蜂。"

文章描述了"我"开始不大喜欢蜜蜂，到最后发出对蜜蜂由衷赞叹这一过程。体现了蜜蜂强大的感召力和它的可敬可亲。作者没有仅仅停留在对蜜蜂的赞美上，而是由对蜜蜂的赞美自然地过渡到了对劳动人民的赞美。

这是老师讲的，我们决定用实际行动消化我们的知识。

首先与几个同学相约，也要做变成蜜蜂的梦，可惜，连续数天，我等均未如愿。

然后，去探索蜂窝的秘密，被蜂蜇到，大家笑了好多天。

《蜂》唐·罗隐

不论平地与山尖，无限风光尽被占。

采得百花成蜜后，为谁辛苦为谁甜？

好多人是因为这首脍炙人口的诗才认识了晚唐诗人罗隐。尤其是"采得百花成蜜后，为谁辛苦为谁甜"这句，想忘了都难，这就是所谓的经典吧。实际上，蜜蜂吸引了好多诗人争相吟咏，吴承恩不只会写《西游记》，也曾写诗赞美蜜蜂：

《咏蜂》明·吴承恩

穿花度柳飞如箭，粘絮寻香似落星。

小小微躯能负重，嚣嚣薄翅会乘风。

此外，还有晋朝郭璞的《蜜蜂赋》，生动地描述了蜜蜂习性及蜂产品的功能。是我国最早的一篇较全面揭示蜜蜂习性和奉献精神的诗赋作品。

（二）蜜蜂与邮票

我国邮政部门曾于1993年发行了蜜蜂邮票一套四枚，纪念第33届国际养蜂大会在中国召开，图案分别为蜂王、采蜜、中华蜜蜂、授粉（图1-1）。

图1-1 中国蜜蜂邮票

图1-2 俄罗斯熊蜂邮票（2005年）

图1-3 曼恩岛蜂类邮票

图1-4 曼恩岛绘有熊蜂的邮摺

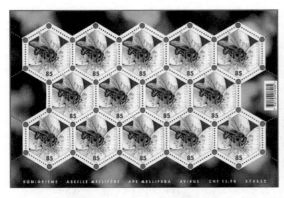

图1-5 瑞士六边形蜜蜂邮票

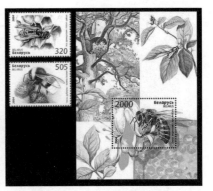

图1-6 白俄罗斯蜂类邮票

图1-7 阿塞拜疆蜂类邮票

2005年，俄罗斯专门发行一套熊蜂邮票（图1-2），2011年，曼恩岛（英国）发行一套蜂类邮票，邮票图案出自画家Richard Lewington细致手笔（图1-3）。邮摺封面上的熊蜂更是栩栩如生（图1-4）。2011年，瑞士发行了六边形邮票，工蜂正在用触角辨认蜜源植物，收集蜜源信息（图1-5）。白俄罗斯也发行了有马蜂、熊蜂、蜜蜂不同蜂类邮票（图1-6）。这套2005年阿塞拜疆蜂类邮票，标明了各种蜂的大致觅食范围：德国胡蜂500米，熊蜂1 000米，黄边胡蜂1 500米，蜜蜂3 000米（图1-7）。

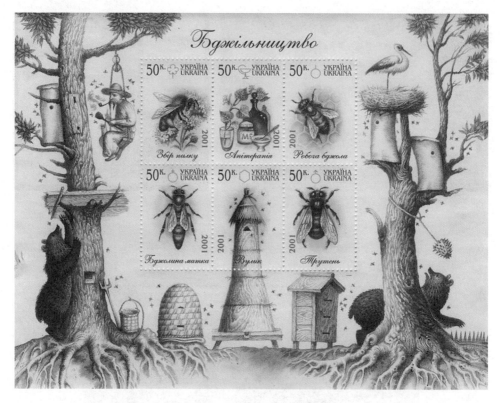

图1-8　乌克兰蜜蜂邮票

　　2001年乌克兰蜜蜂小全张，地上并排展示三种蜂箱、草编蜂箱、木塔蜂箱及木屋式蜂箱。小全张的边纸上，讲述了采蜜老人智斗棕熊的故事。放置在树杈上的蜂箱，不但防止大风吹落，还能防止棕熊来偷蜜。老人悬在树上，抽烟、采蜜，悠然自得；棕熊在树下左蹦右跳，气急败坏，无计可施（图1-8）。

　　《蜜蜂邮花》是介绍蜜蜂专题集邮的著作，全面介绍蜜蜂邮票的来历，展现蜜蜂特性及养蜂历史，是首部用邮票来叙述蜜蜂和养蜂的科普读物。从多个角度，介绍了世界各国发行的有关蜜蜂的邮票。

　　（三）蜜蜂与绘画

　　写生珍禽图是五代时期黄筌的传世珍品。画家用细密的线条和浓丽的色彩描绘了大自然中的众多生灵，在尺幅不大的绢素上画了昆虫、鸟雀及龟类共24件，均以细劲的线条画出轮廓，然后赋以色彩。昆虫有大有小，蜜蜂虽仅似豆粒，却刻画得十分精细，须爪毕现，双翅呈透明状，鲜活如生（图1-10）。

图1-9　写生珍禽图

齐白石笔下的蜜蜂

齐白石（1864—1957），湖南湘潭人，近现代中国绘画大师，擅画花鸟、虫鱼、山水、人物，笔墨雄浑滋润，色彩浓艳明快，造型简练生动，意境淳厚朴实（图1-11，图1-12）。

图1-10　齐白石画中的蜜蜂

图1-11　齐白石画中的马蜂

（四）蜜蜂与动漫

美国动画片《蜜蜂总动员》也叫《一只小蜜蜂》，上映于2007年，是一部美国家庭冒险、喜剧动画片。讲述的是一只特立独行的小蜜蜂，将所有人类告上了法庭，罪名是窃取它们辛苦得来的蜂蜜，贩卖它们的劳动，牟取不义之财。

《小蜜蜂寻亲记》是一部日本动画片，又名小蜜蜂找妈妈，讲的是一只小蜜蜂在他出生的时候有别的黄蜂来袭击他的蜜蜂家族，他妈妈（蜂王）带着族里的蜜蜂转移了，他便和他的妈妈分开了。之后他不远万里去寻找他的妈妈，经过了好多磨难才又和他妈妈相逢。先后有三个版本（第一部：1970—1971年制作，91集；第二部：1974年制作，26集；第三部：1989—1990年制作，55集），主人公形象、故事情节略有不同。

（五）蜜蜂博物馆

中国蜜蜂博物馆

中国蜜蜂博物馆位于风景优美的北京香山，在北京植物园内，卧佛寺西侧，隶属于中国农业科学院蜜蜂研究所。建于1993年，颇具中国特色的展览内容得到中外同行的好评，荣获第33届国际养蜂大会颁发的金奖。1994年后该馆向社会试开放，1997年在北京市文物局正式注册登记，并被列为区青少年科技教育基地。蜜蜂博物馆展厅面积200平方米，内容包括中国养蜂史和蜜蜂文化、养蜂资源、蜜蜂生物学、养蜂科技、蜜蜂产品以及国际交往等几部分，展出图片500多幅，标本、模型和实物700余件。整体内容生动有趣，富有知识性（图1-12，图1-13）。

图1-12　中国蜜蜂博物馆（王星摄）　　　图1-13　展厅内部（王星摄）

中国蜜蜂博物馆免门票，讲解员都是中国农业科学院蜜蜂研究所的专业人员。我1998年参观的时候，恰逢馆长黄双修研究员值班讲解，获益匪浅。

2001年广东省中山市还有中国养蜂学会蜜蜂博物馆开馆；2008年，武汉首个蜜蜂博物馆——华中农业大学武汉蜜蜂博物馆开馆；2013年，乐山高新区的乐山华夏蜜蜂博物馆开馆；2014年，坐落于凤凰岛内的中国养蜂学会博物馆扬州馆正式开馆，3D照片、3D裸眼影院展现蜜蜂生活。

近年来，通过建设多彩缤纷的蜜蜂博物馆、蜜蜂文化园、蜜蜂走廊、蜜蜂小镇，举办蜜蜂文化节、旅游节等方式传播蜜蜂文化，已成为中国蜂产业的一个闪光点。

蜜蜂文化博大精深，因此，想搜集部分资料，以资茶余饭后。

可是，当真正面对这些作品时，有谁说这些小小的生灵不能震撼心灵呢？

二、认识蜜蜂

我对蜜蜂记忆深刻一般有两个主要原因：一是蜂蜜是儿童时代最理想的甜食。二是捅蜂窝被蜇，尤其是头部，疼是一方面，变形的面部表情容易成为伙伴一段时间内的谈资。

蜂在自然界也不是好惹的，好多动物对蜂都是避而远之。而蜂的经典外套——黄黑相间的横格T恤，相信给好多人童年都留下了难以磨灭的印象，反正我是体会过捅马蜂窝的严重后果。相信好多人对胡蜂、蜜蜂乃至长相类似蜂的昆虫都会产生强烈的恐惧感。实际上，一些昆虫为了自我保护，颜色、形态上会模拟蜜蜂，其中食蚜蝇就是经典的山寨产品。

1.长喙天蛾与蜜蜂

表1-1 长喙天蛾与蜜蜂的区别

鳞翅目（长喙天蛾）	膜翅目（蜜蜂）
体型较大，翅、体及附肢密被鳞片	体型小，体被绒毛
口器虹吸式，喙发达，很长	口器嚼吸式，喙长5～7毫米
复眼发达，单眼2个	复眼较发达，单眼3个
触角尖端膨大	触角膝状，雌性12节，雄性13节
翅有鳞毛或鳞片覆盖	翅膜质
足细长，采花不携粉，采蜜不酿蜜	足粗壮，能携带花蜜和花粉（花粉筐）
与蝴蝶、蚕是近亲	和胡蜂、熊蜂是亲戚

长喙天蛾（图1-14）经常被当作蜂鸟，或是传说中的杀人蜂。为鳞翅目天蛾科长喙天蛾属的一种昆虫。首先长得像蝶，有长长的喙，尖端膨大的触角；它又像蜜蜂（图1-15），能发出清晰可闻的嗡嗡声；又像南美洲的蜂鸟，取食时，在花前灵巧盘旋；无论体重、外形还是生活习性、飞行速度都与蜂鸟极其相似，故而也被称为蜂鸟蛾。它是唯一采用悬停方式访花的昆虫。

图1-14　长喙天蛾（陈元和摄）

图1-15　采集花蜜的蜜蜂（王星摄）

2. 食蚜蝇与蜜蜂

表1-2　食蚜蝇与蜜蜂的区别

双翅目（食蚜蝇）	膜翅目（蜜蜂）
成虫体小至中型，极少超过25毫米	成虫体小至中型，个别大型（胡蜂，熊蜂）
复眼大，占据头的大部	复眼较发达
触角芒状，较短	触角膝状，较长
口器舐吸式	口器嚼吸式
后足细长	后足粗大，雌性有花粉筐
前翅膜状，翅脉相对简单，翅1对；后翅特化为平衡棒	翅膜质，翅脉较复杂，翅2对，前后翅通过翅钩列连锁
苍蝇、蚊子是它们的姐妹	和胡蜂、熊蜂是亲戚

食蚜蝇：长相和蜜蜂极其相似（图1-16）。但用分类的眼光看，翅膀、眼睛、绒毛、腹部形态等区别巨大，毕竟一个是膜翅目（蜜蜂），一个是双翅目（食蚜蝇）。为什么没有近亲缘关系的两个物种这么像呢？这种现象在生物学上叫"拟态"，在长期适应自然的过程中，有些动物会变化自己的外表来模仿其他

动物，以达到欺骗敌人保护自己的目的。食蚜蝇经常被摄影发烧友当成蜜蜂发到网上，我不得不赞叹图片构图与拍摄的精良，不过，名字确实有弄错的。我学生也经常把食蚜蝇当作蜜蜂做成PPT给我看，然后振振有词："百度结论"，我无语了。专业的事情要靠专业图书。每到昆虫采集实训，干脆捧起《昆虫家谱》，简单易懂，图文并茂，了解昆虫分类的经典图书。

图1-16　食蚜蝇（王星摄）

有些摄影者以为拍到了蜜蜂交配的图片，其实是两只食蚜蝇。蜜蜂一般在空中交配，想拍到实在是太难了。

3. 胡蜂与蜜蜂

表1-3　胡蜂与蜜蜂区别

胡蜂（胡蜂科）	蜜蜂（蜜蜂科）
蜂巢木质，与地面平行	蜂巢蜡质，与地面垂直
复眼内缘中部凹入	复眼边缘无凹入
躯体表面比较光滑	躯体表面绒毛丰富
后足无花粉筐	后足有花粉筐
螫针光滑，螫人后不会死亡	螫针有倒刺，螫人后蜜蜂不久死亡
幼虫严格肉食，成蜂采食花蜜或其他昆虫	幼虫及成虫均为素食，以花蜜和花粉为食

胡蜂：胡蜂用树皮作为建筑材料，咀嚼成碎片，用唾液混合成糊状纸浆，在里面六边形蜂巢，多达数层，与地面平行，倒悬，蜂巢外壳接近球形，俗称

"葫芦包"。蜂巢外有空心的外壳包被，外壳表面是较规则的贝壳状纹理，颜色深浅不一，保温隔热，不得不说是建筑大师的成功作品（图1-17，图1-18，图1-19）。在本书中作为蜜蜂的捕食者——蜜蜂敌害出现，角色为反一号。在我国南方一些省份，有吃胡蜂蛹的习惯，有人专门饲养胡蜂。

图1-17 胡蜂巢（王星摄）

图1-18 收取野生胡蜂巢（王星摄）

图1-19 胡蜂蜂巢内部构造（王星摄）

图1-20 胡蜂（王星摄）

看到胡蜂强壮的上颚（图1-20），我想到电影《功夫》里黑帮老大的一句经典台词："还有谁"！

可能好多人要问，"胡蜂采不采蜜"？胡蜂幼虫是严格肉食的，但成年胡蜂有时也吃素，喜食花蜜，或是啃食水果。就是有蜜吃蜜，没蜜吃蜜蜂、蜻蜓、螳螂、蚕，胡蜂在昆虫界地位可是相当于狮子老虎，想吃谁就吃谁。有一本书叫做《致命的胡蜂》，科学出版社出版，想深入了解胡蜂，这书值得一读。

图1-21　马蜂及马蜂巢（王星摄）　　　　　图1-22　马蜂（王星摄）

马蜂：是胡蜂科马蜂亚科昆虫，英文名paper wasps，因其筑巢为纸质的而得名。马蜂巢没有外壳包被，倒悬，单层巢脾（图1-21，图1-22）。喜在人类活动场所及周围筑巢（如屋檐下），绝大多数种类巢室不超过500个，成蜂数量不过200头。

三、探巢识蜂——几种常见蜂的识别

蜂是自然界天生的建筑大师，建筑师们有各种各样的奇思妙想，探巢识蜂，看看它们的区别吧。

表1-4　几种常见蜂的区别

名称	分类		巢房特点	其他
胡蜂	胡蜂科	胡蜂亚科	木质蜂巢，六边形巢房，外有包被	幼虫肉食
马蜂		马蜂亚科	木质蜂巢，六边形巢房，无包被	幼虫肉食
蜜蜂	蜜蜂科	蜜蜂属	蜡质蜂巢，六边形巢房，与地面垂直	雌性有花粉筐
熊蜂		熊蜂属	蜡质蜂巢，圆形巢房，不规则，多在地下营巢	雌性有花粉筐
木蜂		木蜂属	干燥的木材上蛀孔营巢，在隧道涂抹分泌物做防水层	雌性有花粉筐
无刺蜂		无刺蜂属	在树洞、石缝营巢，巢口造成喇叭口状，用蜂胶、蜂蜡筑巢	没有蜇针
壁蜂	切叶蜂科	壁蜂属	无蜡腺，通常在天然管状洞穴营巢，并用泥土隔离巢室和封闭巢口	雌性有腹毛刷
切叶蜂		切叶蜂属	切取植物叶片构建管状巢房	雌性有腹毛刷

图1-23　熊蜂及其巢房（王星摄）

图1-24　木蜂及蜂巢

图1-25　蜜蜂及其蜡质蜂巢

图1-26　无刺蜂蜂巢内部

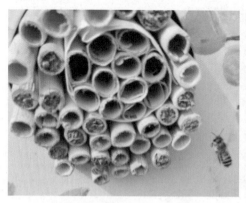

图1-27　壁蜂及蜂巢（王星摄）

图1-28　切叶蜂及蜂巢（引自徐希莲）

四、我国养蜂业概况

1.养蜂业是我国传统优势产业

我国从南向北共跨越5个气候带，四季均有花开。我国主要的蜜源植物有油菜、洋槐、椴树、荆条、向日葵等。丰富的蜜粉源植物为我国养蜂业的发展提供了优越的自然条件。我国养蜂历史悠久，养蜂业是我国传统优势产业，拥有一批经验丰富的蜂农，有利于养蜂技术的传承与推广。据世界粮农组织统计数据，2016年，我国共拥有902万群蜂，居世界首位，我国也是世界第一蜂产品生产及出口国，美国、欧盟是我国主要蜂产品出口国。随着人民生活水平的提高以及对蜂产品保健功能认识的加深，我国蜂产品消费量持续增长，对蜂产品质量安全要求也越来越高，我国已经成为全球最大的蜂产品消费市场。

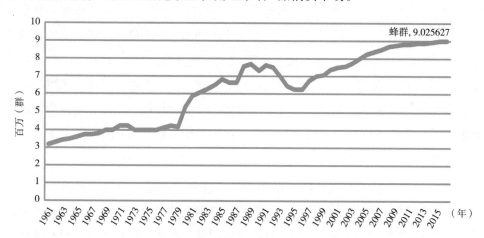

图1-29　我国蜜蜂数量统计图（世界粮农组织1961—2016年）

2.养蜂方式

家庭式养蜂即夫妻两人共同从事养蜂生产，大部分蜂农在从事养蜂生产的同时兼从事其他农业生产，专业养蜂较少。年龄在40岁以上居多，面临较严重的老龄化问题，蜂农的受教育程度普遍不高，多数为初中及以下文化水平。蜂农获取新技术的渠道主要有杂志、技术培训、自己摸索及蜂农间技术交流。太阳能、取浆机、养蜂车等生产设备应用提高了生产率，养蜂技术研究及科研成果转化仍待加强。

图1-30 转地养蜂（王星摄）

图1-31 定地养蜂（王星摄）

3. 规模与效益

多数为定地、小转地养殖，规模较小（100群以下）。大转地蜂农一般为专业养蜂，因此养殖规模较大，是蜂产品主要生产者。生产蜂产品依然是蜂农的主要收入来源，其中蜂蜜、蜂王浆为主要收入。受天气、管理水平、饲养方式影响，养蜂效益差别较大，每群蜂收入从几十元到上千元不等。浙江、四川等地区是我国养蜂产业强省，相比之下纯收入较高。专业合作社、龙头企业将会促进我国蜂产品市场的良性竞争，提高我国蜂产品的国际竞争力，促进养蜂业发展。

4. 蜜蜂授粉逐步产业化

蜜蜂授粉有助于提高作物产量及质量，许多国家蜜蜂授粉收入超过总收入50%。我国蜜蜂授粉产业仍处于起步阶段。集约化种植导致野生传粉昆虫减少，大面积农作物将会依赖蜜蜂授粉。我国设施园艺面积居于世界首位，温室果蔬授粉也体现出巨大需求，蜜蜂授粉也必将成为我国蜂产业未来发展的重要方向。我国蜂群为油菜、向日葵、棉花、荞麦4种大宗作物授粉的增产效益接近80亿元，如果将瓜果、牧草、经济林木授粉增产值计算在内，增值至少在150亿元以上。

由于对农作物授粉的贡献巨大，蜜蜂成为欧洲第三大最有价值的家养动物，只有牛和猪排在了蜜蜂的前面。

5. 蜜蜂与生态安全

蜜粉源植物的减少、环境污染、滥用农药、灾害性天气、作物单一化种植仍是养蜂业需要面对的困境。因此，加强生态环境建设，为蜜蜂提供一个良好的生存环境，是生产优质蜂产品，发展健康养蜂产业的必经之路。

第二章　蜜蜂生物学

蜜蜂生物学是研究蜜蜂的生活和职能的科学，是饲养管理蜜蜂的理论基础。

想不想养蜂，了解一下蜜蜂生物学总会有用处，这是养蜂基础知识。略知一二，吹牛也显得比较专业！多数人都喜欢这个内容，因为人有一种天性，叫好奇心！

一、蜂群

（一）蜂群的组成与分工

蜜蜂是社会性昆虫，过着群体生活。一个蜂群通常包括一只蜂王、成千上万只工蜂和数以百计的雄蜂（图2-1），三型蜂共同生活在一个群体中，相互依赖、分工合作，组成一个高效有序的整体。蜂群是蜜蜂赖以生存的生物单位，任何一只蜜蜂脱离开群体就不能正常生活下去。

与蜜蜂高度社会化相媲美的，还有蚂蚁。其进化程度可谓完美，群内有明确的分工，有的白蚁蚁后就是个巨型产卵机器，每昼夜产卵甚至高达30 000粒！兵蚁主要负责防卫或进攻，工蚁寻觅食物、建筑蚁巢、照料蚁后（雌）、喂养幼蚁及兵蚁（兵蚁的颚太大，自己不能吃东西）。

人们对蜜蜂、蚂蚁的研究一直受关注，因为这里有太多的未解之谜。不过这些未解之谜和蜂蜜的产量并没有直接关系，好多养蜂人知识并不高深，但产蜂蜜一点不含糊。先了解一下蜜蜂吧。

工蜂　　　　　　　蜂王　　　　　　　雄蜂

图2-1　蜂群中的三种类型蜜蜂（王星摄）

蜂王是蜂群中唯一生殖器官发育完全的雌性蜂，具二倍染色体。中蜂蜂王的体长18～22毫米，体重250毫克左右。意蜂蜂王体长20～25毫米，体重300毫克左右。蜂王头部呈心形，上颚锋利，喙短，体形较长，腹部呈长圆锥形，无臭腺，螫针强壮略有倒刺。蜡腺、花粉刷等均已退化，生殖器官特别发达。

清代郝懿行所著《蜂衙小记》是一部养蜂专著，包括：识君臣、坐衙、分族、课蜜、试花、割蜜等十五则，"蜂蚁皆识君臣，其长俱谓之王"，"王居中，群衙其外"（图2-2），"蜂所居曰衙，色如凝脂，密过莲房，千门万户，累累如贯，亦号蜂房"，"及王坐衙则群响应，如官府卤簿呵殿"，这描述倒和衙门十分相似（图2-3）。

图2-2 《蜂衙小记》之识君臣　　　　图2-3 《蜂衙小记》之坐衙

1. 蜂王的主要职能

（1）产卵。正常情况下，蜂王在每一个巢房中只产一粒卵，在工蜂房和王台中产受精卵，在雄蜂房中产未受精卵。在产卵盛期，一只意蜂蜂王每昼夜可产卵1 500～2 000粒，中蜂蜂王可产卵700～1 300粒，这些卵的总重量相当于蜂王本身的体重，蜂群的产卵力与蜂王品种、蜂王生理条件、蜂群内部情况、蜜粉情况及季节等因素有关。蜂王产卵力在出房后2～18个月最强。

王还是后？

蜂王严格上来说，应该叫蜂后，英文中叫作queen，女王，王后，后的意思。中国封建思想比较严重，武则天当皇帝都有很多人不自在，更别说蜜蜂了，所以，直接封王了。因此，名虽为王，实则为后。本书中，还是入乡随俗，称作蜂王。蜂王不是封建帝王，拥有至高无上的权力，蜂王作为蜂群中的一员，享用着蜜蜂王国最珍贵的膳食——蜂王浆，一直从事最繁重的工作——产卵，每昼夜产卵的总重量几乎相当于蜂王的体重！

（2）控制群体。在蜂群中，只要蜂王存在，就能控制蜂群，使蜂群井然有序地活动。这种控制能力主要依靠"蜂王物质"实现的。

"蜂王物质"主要成分是蜂王上颚腺信息素，它可以抑制工蜂卵巢发育、筑造王台、维持工蜂的正常活动，作为性激素，还可在空中吸引雄蜂交配。一个蜂群失王数小时后，整群蜂会表现骚动不安，采集力明显降低。如果失王时间过长，则会出现"工蜂产卵"现象，最终使群体灭亡。

2. 蜂王的生活史

在新蜂王出房前2～3天，工蜂会咬去王台顶端的蜂蜡使茧衣露出，以利蜂王出房。新蜂王出房后，就到巢内各处巡视，寻找和破坏其他的王台。遇到其他蜂王时，就互相斗杀，直至仅留下1只。3日后新蜂王开始认巢试飞，辨认自己的蜂巢。5～7日龄的处女王性成熟，便可以飞离蜂巢交尾。

蜂王的交尾飞行称为"婚飞"，通常发生在午后的2—4时，气温高于20℃以上，无风或微风的情况。气候越好，雄蜂越多，越有利于交尾。处女王婚飞距离可达2～5千米，在一次婚飞中连续和10～20只雄蜂交尾，若在一次婚飞中与其交尾的雄蜂数量不足，则于次日再次进行婚飞。最后1次婚飞交配后，经过1～3日蜂王开始产卵（图2-5）。除非自然分蜂、蜂群飞逃外，受孕蜂王不再飞出蜂巢。

蜂王在产卵期间，四周有"侍卫蜂"环护着，它们用蜂王浆饲喂蜂王。处女王通常不产卵，如果20日龄以上的处女王仍未交配，可能会产未受精卵，未受精卵将来发育成为雄蜂。

蜂王的寿命可达数年。通常2年龄以上的蜂王，其产卵力将逐渐下降，在生产中一般不使用2年以上的蜂王；随时更换衰老、残伤、产卵量下降的蜂王。

养蜂人对待蜂王的态度是由蜂王的表现决定的，产卵力一旦下降，必然免不了被更换的命运。一般来说，养蜂生产过程中蜂王每年都换，有些南方蜂场甚至一年换王两次，以保持蜂王的产卵力。

曾遇到一养蜂前辈，老人家反复强调，一定要"爱蜂如子"，对蜂一定要好，老人家一般会给蜂留足储蜜，补充花粉，这都是为了蜂长大"有劲"。但老人家一点不糊涂，这一切都是为了取蜜做准备。"养儿子哪有讲效益的！

图2-4　正在出房的蜂王（王星摄）　　　图2-5　正在产卵的蜂王（王星摄）

蜂王在王台中发育保持倒立姿态（图2-4），头下尾上，是不是难受呢？也有蜂友在转场过程中做过试验，害怕蜂王受不了长途颠簸，特意把育王框上的育王木条反转过来，让蜂王"头上尾下"，结果，到地儿一看，蜂王全部报废了。是蜂王受不了先死了，还是工蜂看着蜂王不对劲给弄死了，不得而知。

3.蜂王产生的条件

（1）自然分蜂。即群体繁殖。蜂群发展强大了，工蜂常会筑造几个至十几个王台，培育新蜂王，准备分蜂，这种王台称分蜂王台，分蜂王台的特点是群强子旺，数目多，日龄有显著差异，并且位置在巢脾边缘。

（2）自然交替。蜂王衰老、残伤时，工蜂就会在巢脾下部筑造1～3个日龄相近的王台，培养蜂王进行交替，不分蜂。此种情况，有时新蜂王在出房前后数日，老蜂王即自然死亡；有时新蜂王交尾产卵，老蜂王仍在，母女同居，不久老蜂王自然死亡。

（3）突然失王。蜂群突然失王时，经过大约1天，工蜂就选择有3日龄以内雌性幼虫的工蜂房紧急改造成王台，培育新蜂王，这种王台叫改造王台。此种改造王台的数量多，常达10个以上，个体小。但当第一只处女王羽化出房后，其余王台将全部被破坏，因而不会分蜂。

4. 工蜂的职能和生活史

工蜂是蜂群的主体部分，是蜂群中生殖器官发育不完全的雌性蜂。由受精卵发育而成，具有二倍染色体。工蜂的个体较蜂王和雄蜂小，意蜂工蜂的平均体重约100毫克，体长12～14毫米，中蜂工蜂平均体重约70毫克，体长约12毫米。受精卵孵化后，工蜂幼虫前3天由哺育蜂喂蜂王浆，而从第4天起就只喂蜜、粉混合饲料，因此工蜂生殖器官的发育受到抑制，失去了正常的生殖机能。

以前电视有个经典公益宣传广告，叫"知识改变命运"，对蜜蜂来说，用"营养改变命运"也是恰当的。这也是销售蜂王浆常用经典案例，借此体现蜂王浆的神奇功效。实际上，工蜂变成蜂王要满足三个条件：一是营养，5天的幼虫期一直吃蜂王浆，相当于小时候一直吃小灶，是御膳房的水平，蜂王吃了5天细粮（蜂王幼虫期5天），工蜂吃了3天细粮，3天粗粮（工蜂幼虫期6天）；二是住房面积大，如果工蜂住房面积按50平方米算（5.3～5.4毫米），那蜂王住房面积就是90多平方米，住房面积决定身材；三是单位里缺少领导人，群众拥戴，正好赶上换届选举！

工蜂之所以成为工蜂，是先天性的生殖器官发育不良，又受到蜂王信息激素的压制，只能安心工作，不再惦记主产卵这事儿了。

工蜂承担巢内外一切日常劳动，工蜂的职能是随着年龄而变化的，这种现象称为"异龄异职"现象（图2-6）。

（工种）清洁工→哺育工→高级哺育工→建筑工→守卫→采集→侦察

（日龄）1～3　　　3～6　　　6～12　　12～18　　　　20

图2-6　工蜂的异龄异职

1～3日龄的幼蜂担负保温、孵卵以及清理巢房等工作。

3～6日龄幼蜂成为哺育蜂（图2-7），开始调制花粉与蜂蜜，饲喂大幼虫。

6～12日龄的工蜂王浆腺发达，能分泌王浆，饲喂小幼虫和蜂王。

12～18日龄蜂蜡发育最好，适于造脾，直到23日龄蜡腺才完全萎缩，失去泌蜡能力。

越冬蜂蜡腺大部分还没有发育，要到来年才发育。这一时期的工蜂主要担任清理巢箱、夯实花粉、酿蜜等巢内工作，工蜂在巢内的最后一项工作是在巢门前守卫蜂巢，此后转入巢外活动，采集花蜜、花粉、水、蜂胶等，或是侦察蜜源。但是，它们的职能能够根据环境条件的变化和蜂群的需要而改变，有很大的可塑性。

图2-7 哺育幼虫　　　　　　　　　　图2-8 认巢飞行（王星摄）

工蜂的飞行活动也与它的日龄有关。3～5日龄第一次离巢在蜂箱附近作短时间的"认巢飞行"（图2-8），熟悉自己蜂箱所在位置，同时进行首次排泄，然后进行"定向飞行"。8～9日龄的工蜂作"集团飞行"，它们一般在午后某一时间集团出巢，在蜂箱前面，头向蜂箱相对稳定地飞行10～20分钟。飞行完毕，仍回巢内完成巢内工作。

认巢飞行与盗蜂的区别：

认巢飞行一般在晴暖时间进行，盗蜂一早一晚特别明显；

认巢飞行巢门前秩序良好，而盗蜂巢前常见蜜蜂撕咬；

认巢飞行一段时间后集体回巢，工蜂臭腺释放信息素，召唤同伴，而盗蜂进出匆匆，出巢工蜂腹部饱满。

蜜蜂采集工作是逐渐发展起来的，始于17日龄后。20日龄以后工蜂采集力才充分发挥，从事采集花蜜、花粉、水、树胶、无机盐，直到老死。采集蜂也部分承担守卫御敌的工作。工蜂采集飞行的最适宜气温是15～25℃，气温低于12℃时通常不进行采集活动。采集蜂一般每天飞出8～10次，采集距离蜂巢约1 000米的范围内进行。如果蜜源场地距蜂场较远，采集半径可延伸到2 000～3 000米以上。蜂群昼夜在工作，但蜜蜂个体是需要休息的，休息的蜜蜂多处于蜂巢的外围，不活动，对光线刺激不敏感，类似睡眠。

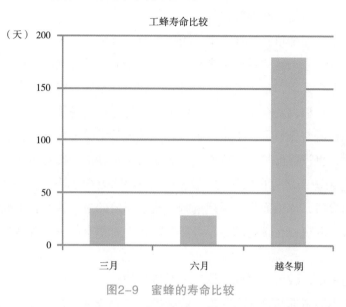

图2-9　蜜蜂的寿命比较

工蜂的寿命约为6个星期。在一年中的不同时期，工蜂个体寿命有很大差异。夏季与冬季工蜂寿命还与花粉的消耗及培育幼虫有关。夏季由于工蜂大量培育幼虫，因而贮藏于舌腺和脂肪体中的蛋白质很快耗尽，致使其寿命很短。而在秋季，工蜂培育的幼虫很少，有充足的花粉饲料，大量的蛋白质贮存于工蜂的舌腺和脂肪体中，从而使越冬蜂的寿命很长（图2-9）。

5. 雄蜂的生活史

雄蜂是由蜂王产的未受精卵发育而成的蜜蜂，具有单倍染色体，这种现象称作"孤雌生殖"。在春末和夏初的分蜂季节，蜂群中的雄蜂数量可达几百只到上千只。雄蜂头部比工蜂大，近似圆形；体型较粗壮，体表绒毛多而长，翅宽大。意蜂的雄蜂体重约为200毫克，体长15～17毫米。中蜂雄蜂体重约为150毫克，体长12.5毫米。雄蜂的上颚和采集花粉的器官及功能均退化，所以它没有采集能力，只能取食巢内的食物。

雄蜂体壮腰圆，背腹粗壮，视力发达，眼大有神，颇有阳刚之气和高速飞行能力，俨然是蜜蜂王国中的"美男子"。它的唯一使命就是与处女王交配，因此，也是蜂群中的"花花公子"。雄蜂的职能主要是在巢外空中与婚飞的处女王交配，但交尾后外生殖器断在蜂王腹内，婚礼和葬礼基本同期了，不折不扣的为爱情献了身！但更多的雄蜂是一辈子也没找到心上人，悄无声息地结束一生，究竟哪种命运更悲惨，实在不好评价。

雄蜂的命运完全依赖蜂群需求。繁殖季节，雄蜂备受欢迎，说不定哪位的优良血统会延续下来，这关系蜂国未来，"宁可错养一千，绝不慢待一个"。雄蜂在各蜂群间通行无阻，走到哪家吃到哪家。到了秋季，工蜂的态度明显转变：所有工作重点要转移到安全越冬这个工作中心，越冬饲料是最重要的，不能浪费一点一滴！不再需要雄蜂了！于是，工蜂要把雄蜂从巢脾上赶下来，远离食物！雄蜂上颚退化，也没有保护自己攻击敌手的武器（螫针），面对体格弱小的工蜂，自己竟然毫无还手之力！紧接着，哪怕在蜂巢里取暖的资格也被剥夺了！最终被工蜂赶出巢房，冻饿而死，暴尸荒野，成了蚂蚁的过冬粮。若蜂群无王或有处女王，雄蜂一般可以在巢内越冬，可能工蜂还寄希望有朝一日雄蜂为蜂群传宗接代吧。

雄蜂的食量比较大。因此，蜂场主对待它的态度往往冷漠，甚至经常痛下杀手。好多人不愿意养活这些白吃饱，看到雄蜂幼虫或是蛹时，往往挥起长刀"一刀斩"了。更有甚者，看到蜂群中的雄蜂，一个个掐死，对雄蜂房一个个除掉，目的是节省饲料。不料，工蜂不买账，造更多的雄蜂房，喂更多的雄蜂幼虫，甚至好好的工蜂巢房改得面目全非！江西农业大学曾志将教授试验结果表明，对照组（不割除雄蜂蛹）的采蜜量、工蜂采粉积极性均高于试验组（割除雄蜂蛹）8.4%～10.0%，看来，割除雄蜂蛹是"劳民伤财"了。

另外，雄蜂身上更容易寄生蜂螨，可被用于检测蜂群中是否有寄生螨。

出房后5日龄内的雄蜂多由4～6日龄的工蜂饲喂，饲喂次数逐日减少，最后则自己从巢内取食，并且不再停留在育虫区内。大多数的雄蜂在6～8日龄开始第一次出巢飞行。在正常情况下，雄蜂8～12日龄性成熟，已具备交配能力。雄蜂性成熟的时间与花粉饲料有关，如果缺乏花粉饲料，雄蜂个体就很小且发育不良。雄蜂精子的数量与其幼虫前3天的饲料质量有关，与哺育蜂的日龄也有一定关系。

每日下午2—4时雄蜂大量出外飞翔。有时雄蜂午前11点外出，也有些下午5—6时才返巢。雄蜂认巢飞行的时间为6～15分钟，婚飞的时间为25～57分钟。

雄蜂的飞行距离可达5 000~7 000米。雄蜂一生平均可作25次飞行，在阳光充足的日子里，平均每天飞行3~4次，多云天气则只飞行1次。气温低于16℃或多风天气对雄蜂飞行不利。雄蜂飞行的习性恰好与蜂王相吻合，保证了蜂王婚飞的顺利实现。在婚飞之前，雄蜂要大量取食蜂蜜，两次飞行之间要在巢内休息10分钟左右。

在长期蜜源充足的环境下，雄蜂寿命可达3~4个月。但通常在流蜜期过后，或新蜂王已经产卵，工蜂便把雄蜂驱逐于边脾或箱底，甚至拖出巢外饿死，这有利于蜂群的生存和发展。

6.蜜蜂的发育

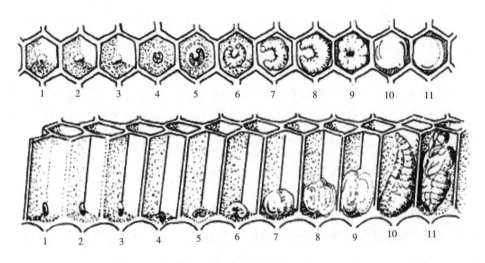

图2-10 蜜蜂的发育阶段

蜜蜂是完全变态的昆虫，3型蜂都经过卵、幼虫、蛹和成蜂4个发育阶段（图2-10）。

表2-1 中蜂和意蜂发育的日数

蜂种	三型蜂	卵期（日）	未封盖幼虫期（日）	封盖幼虫期和蛹期（日）	共计（日）
中蜂	工蜂	3	6	11	20
	蜂王	3	5	8	16
	雄蜂	3	7	13	23

（续表）

蜂种	三型蜂	卵期（日）	未封盖幼虫期（日）	封盖幼虫期和蛹期（日）	共计（日）
	工蜂	3	6	12	21
意蜂	蜂王	3	5	8	16
	雄蜂	3	7	14	24

中蜂工蜂的发育期约20天，意蜂工蜂的发育期为21天（表2-1）。在正常条件下，同品种蜜蜂的发育时间是一致的。如果温度过高，蜜蜂的发育会提早，甚至发育不良或中途死亡，温度过低，会使发育迟缓，尤其是幼虫对低温的抵抗力低，很容易受伤或死亡。

掌握发育日期，了解蜂群里的未封盖子脾（卵虫脾）和封盖子脾的比例（卵、虫、蛹的比例为1：2：4），就可以知道蜂群的发展是否正常。掌握蜂王和雄蜂的发育日期，就可以安排好人工培育蜂王的工作日程。

计算依据：蜂王每天约产2 000粒卵，每张脾约6 000个空巢房，大约3天产满1张脾。21天，可产满7张脾。卵期3天，1张；幼虫期6天，2张（小幼虫1张，大幼虫1张），封盖幼虫及蛹期12天，4张。

（二）蜂巢

蜂巢是蜂群繁衍生息、贮存饲料的场所，由工蜂泌蜡筑造的许多蜡质巢房所组成。双面布满巢房的蜡质结构叫巢脾，简称脾，是蜂巢的组成单位。在蜂箱里，巢脾垂直地面、互相平行。中蜂巢脾的厚度约24毫米，西方蜜蜂巢脾的厚度约25毫米。

两个巢脾之间的距离叫蜂路，是蜜蜂的通道。中蜂的蜂路宽度为8～9毫米；西方蜜蜂的蜂路宽度为10～12毫米。

1. 工蜂房

巢脾上的巢房大部分是工蜂房，用于哺育工蜂，贮藏蜂蜜和蜂粮。工蜂的每个巢房都是六棱筒状，筒的底部是由3个菱形面组成的六角菱锥形，相邻巢房共用边、底。这种六角形错落排列的巢房最有效地利用空间，是用料最省、结构最坚固的几何形体。巢房房口稍向上倾斜，以防止蜂蜜蜂流失（图2-11）。中蜂的工蜂房内径为4.4～4.5毫米，意蜂的工蜂房内径为5.3～5.4毫米，深度为

12毫米左右。一个标准巢框的巢脾，有中蜂工蜂房7 400～7 600个，意蜂工蜂房6 600～6 800个。

怎样估算蜂的数量？

计算题1：每只蜜蜂100毫克，1千克多少只蜜蜂？

1千克＝1 000克，1克＝1 000毫克

1千克＝1 000 000毫克

1 000 000毫克÷100毫克/只＝10 000（只）

答：1千克蜜蜂有10 000只蜜蜂。

计算题2：一个标准巢脾有意蜂工蜂房约6 600个，每只工蜂爬在巢脾上约占3个巢房的面积，1个标准巢脾两面爬满工蜂有多少只？

6 600÷3＝2 200只

答：约为2 200只蜜蜂。

生物学家研究发现，蜜蜂巢房一个个紧密排列，每个巢房的截面是正六边形。其底面是由3个相等的菱形组成的锥形，每个菱形的钝角均为109°28′，锐角均为70°32′，每个巢房的体积几乎都是0.25立方厘米，巢房的壁很薄，平均不到0.1毫米，如图所示（图2-12）。

在航天航空领域，蜂窝夹层结构因为其轻质和高强度的显著优点而得到广泛应用，在航天器上的应用部位主要有舱盖、太阳电池壳体、整流罩、防热底等。美国双子星座载人飞船底部采用了玻璃钢材质的蜂窝夹层烧蚀防热结构，阿波罗载人飞船的三个舱（指挥舱、服务舱、登月舱）全部采用了多层蜂窝夹层结构（图2-13）。

 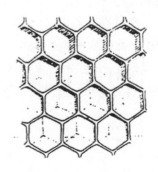

图2-11　蜜蜂巢房的结构

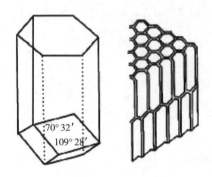

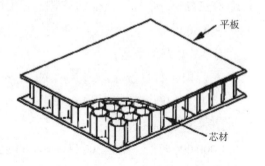

图2-12　蜜蜂巢房的结构　　　　　图2-13　航天器中的常用蜂窝夹层板结构

2. 雄蜂房

巢脾边缘上稍大一些的巢房是雄蜂房，用于培育雄蜂，也能贮藏蜂蜜与花粉。一般多分布于巢脾的下边。破损的巢脾蜜蜂一般也会把它改造成雄蜂房。中蜂的雄蜂房内径为5.0～6.5毫米，意蜂雄蜂房内径为6.25～7.00毫米，深度为15～16毫米。

3. 王台

王台是专为培育蜂王的巢房。正常情况下筑造的王台一般为数个，常位于巢脾的下缘或两侧。工蜂先造成圆杯状的台基，口向下，蜂王在台基内产卵以后，随着幼虫的发育，工蜂不断把台基加长，最后，工蜂再把台口蜡盖封上。封盖后的王台形状好像一个向下垂着的花生，外表有凹凸的皱纹。

4. 过渡型巢房

在工蜂房和雄蜂房之间以及连接巢框的地方，出现一些多角形不规则的巢房，这些是过渡型巢房，是用于贮藏蜂蜜和加固巢脾的。

巢房的容积随着该巢房中慢羽化出的蜜蜂的数量的增加而不断变小。每一只工蜂在羽化时都将茧衣留在巢房内，使巢房的房壁逐渐变厚，容积减小，巢脾重量增加，同时巢脾的颜色也逐渐变深，工蜂房在经过16次育虫后，巢房的同径缩小6%左右，这种巢房不再适用于培育健壮的新蜂，所以1张巢脾通常只用1～3年就要更换。

因此，新脾适合繁蜂，老脾结实，适合装蜜，另外，老脾巢房底圆而平滑，便于移虫。

老脾容易滋生细菌、蜡螟，要请注意及时做好消毒、保存工作。

王台　　　　　　　　工蜂巢房（工蜂及蜂王）　　　雄蜂巢房（雄蜂幼虫及蛹）

图2-14　蜜蜂的巢房（王星摄）

　　子脾、蜜脾和粉脾是按一定的自然次排列在蜂箱中。子脾位于蜂巢的中部，两侧是粉脾和蜜脾。在同一张巢脾上，子圈往往位于巢脾的中部下方；蜜圈是自巢脾上方和两角向下发展；粉圈则在子脾的外围。这样不仅便于蜜蜂饲喂幼虫，而且还可以作为保温的屏障。

　　在繁殖盛期，在巢脾子圈下，可以看到一些房盖突出的巢房，这是培育雄蜂的巢房。意蜂的雄蜂房封盖呈馒头状，而中蜂的雄蜂房呈斗笠状，中央有透气孔，这是中蜂、意蜂的区别所在（图2-15，图2-16）。

图2-15　中华蜜蜂的蜂巢子脾（王星摄）　　　图2-16　中华蜜蜂的雄蜂房（王星摄）

（三）蜂群生存的基本条件

1. 食物

蜜蜂需要蛋白质、碳水化合物、水分、无机盐和维生素等作为自身的营养，这些营养均可以从所采集的花蜜和花粉中获得。成年蜂单靠蜂蜜可以长期生存，但幼虫的发育和幼蜂的成长还必须有花粉的供应；工蜂泌蜡造脾必须具有蜜源条件，同时也消耗花粉。因此，蜂蜜和花粉对于蜂群来说是同等重要的。

蜂蜜是蜂群的主要饲料，为蜜蜂提供生命活动所需的能量，蜂群缺蜜就不能正常发展甚至难以生存。花粉是蜜蜂食物中蛋白质的主要来源。粉源不足，会造成蜂王产卵减少和幼虫发育不良，严重影响蜜蜂群势的发展，还会引起蜜蜂早衰及分泌王浆和蜂蜡的能力下降。

蜜蜂进行新陈代谢时，体内营养物质的运输、代谢以及激素的传送等都要溶解于水才能进行。蜜蜂在动用蜂粮时，也必须加水冲稀方可取食。

2. 光

光不仅对蜜蜂的定向和采集起直接作用，同时也通过影响蜜源植物。日照能刺激蜜蜂的活动，日照的长短对蜜蜂的采集影响也很大。日照增长时，可以大大增加采集蜂的工作时间，提高蜂蜜产量，所以在采集季节内，巢门一般朝南摆放。另外，蜜蜂具有趋光性，蜂场夜间应处在黑暗环境中。

3. 温度

蜜蜂属于变温动物，其体温随着外界气温的变化而发生相应的改变。

蜂群具有调节巢内温度的能力，在断子期，巢温随外界气温而变动，一般变化于14～32℃。育虫期，蜂巢中心的温度稳定保持在32～35℃（强群则保持在34～35℃）。蜂群调节温度的能力与群势的强弱呈正相关。

4. 湿度

一个健康的蜂群可以保持巢内适宜的湿度，子脾之间的相对湿度多半保持在75%～90%。育儿区的相对湿度为90%～95%时卵的孵化率最高；在相对湿度为80%时，卵的死亡率可达40%以上。在越冬期，蜜蜂利用的是已经封盖的高浓度蜂蜜，就需要从空气中吸收水分，因此，越冬室内的相对湿度必须保持在75%～80%。如果室内空气干燥，蜂体内水分加速蒸发，蜜蜂即会感到"口渴"；同时空气干燥促使贮蜜失水而结晶，以致蜜蜂无法取食，导致越冬的失败。

5. 空气

蜜蜂以振翅扇风的方式，促进蜂巢的空气流通，增加巢内氧气的含量，同时将蜜蜂代谢产生的二氧化碳排出巢外。不同的蜂种扇风的习性有所不同。西方蜜蜂扇风时头向内，翅向外，强劲地扇动翅膀，将巢内的气体排出巢外。因此，在巢内有大量花蜜的流蜜期，夜晚气温偏低时，意蜂的巢门口上会出现水珠，而巢内并不潮湿；中华蜜蜂扇风时头朝外（图2-17），尾向内扇动翅膀，将巢外的气体扇向巢内，因此中蜂巢内的水汽四处散发，在内盖和箱壁等温度较低的地方，凝成水点甚至形成水滴。

西方蜜蜂（工蜂扇风时头向内）　　　　　中华蜜蜂（工蜂扇风时头朝外）

图2-17　正在扇风的蜜蜂（王星摄）

二. 蜜蜂的解剖及生理

蜜蜂在分类学上属于节肢动物门、昆虫纲、膜翅目、细腰亚目、针尾部、蜜蜂总科、蜜蜂科、蜜蜂亚科、蜜蜂属。

（一）结构及功能

蜜蜂整个躯体由几丁质的外骨骼包裹，起着支持和保护内部结构的作用；其体表密生绒毛，是感觉器官，保护身体并起到保温的作用。绒毛对采集、传播花粉，促进授粉结实具有特殊意义。

1. 头部

蜜蜂的头部的两侧各生一对复眼，头顶有三个单眼，呈倒三角形排列。颜面中央处着生一对紧靠一起的触角，嚼吸式口器（图2-18，图2-19）。

头部的王浆腺（也称营养腺）位于头内两侧，为一对葡萄状的腺体。工蜂的王浆腺非常发达，能分泌用蜂王浆，以饲喂蜂王及蜜蜂幼虫幼虫。

（1）眼。蜜蜂的眼分为复眼和单眼两种，复眼一对，位于头的两侧，每只复眼由几千个小眼组成（图2-20），头顶有3个单眼，呈倒三角形排列，蜜蜂的视觉是由单眼和复眼协同作用完成的。蜜蜂复眼对空间分辨的能力较差，但有很好的时间分辨本领，能够快速看清运动的物体，并做出反应。所以在蜂巢口移动的物体，往往是蜜蜂攻击的对象。

人的颜色感觉范围是400～800纳米，而蜜蜂是300～650纳米，因此蜜蜂对颜色的感受与人类相似。主要区别是蜜蜂对波长800纳米的红色基本没有感受，面对人不能感受的波长350纳米的紫外光却能够感受（图2-18），并且在整个光谱中紫外光对蜜蜂来说是鲜明的颜色，有些花能反射紫外线，对蜜蜂有吸引力。蜜蜂这种辨别光线的能力，是和自然界分泌花蜜的花朵的颜色相适应的，自然界中，植物大多是黄色和白色的花（图2-22）。

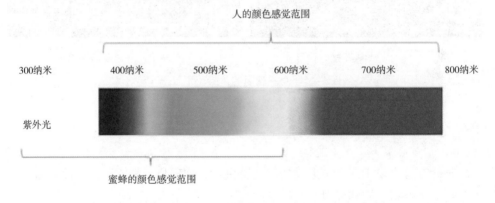

图2-18　蜜蜂的颜色感觉范围

试验证明，蜜蜂不能辨别鲜红与黑色、深灰色，因此，鲜红对蜜蜂来说并不是醒目的颜色。根据蜜蜂只能识别黄、绿、蓝、白、紫色的特点，在蜂群很多的养蜂场，尤其是交尾群，将蜂箱漆成不同的颜色，有助于防止蜜蜂迷巢。根据蜜蜂对红色基本不感受的特点，夜间或越冬室内，往往用红灯照明检查蜂群，以防止蜂群骚动。熊蜂饲养室一般采用红色灯泡照明，也是这个道理（图2-20）。

蜜蜂对红色花的视觉感受　　　　　　　人类对红色花的视觉感受

图2-19　蜜蜂与人的视觉感受比较（于鲲摄）

图2-20　不同颜色的蜂箱（王星摄）

　　蜜蜂的复眼还具有出色的偏振光导航能力。即使在云遮日的情况下，蜜蜂也能根据天空反射的偏振光确定太阳的方位，进行定向和导航。长期以来，人们认为蜜蜂单眼只是照明强度感受器，决定蜜蜂早出和晚归的时间。

　　（2）触角。蜜蜂的触角由柄节（1节）、梗节（1节）和鞭节（10或11节）构成，触角是蜜蜂最主要的触觉、嗅觉器官。蜜蜂的嗅觉器官分布于触角的鞭节上，作为嗅觉器官，蜜蜂的触角与哺乳动物的鼻子功能相似。

　　蜜蜂的触角含有三个基本结构，柄节、梗节以及含有10/11个亚节的鞭节。在蜂的世界里，工蜂/蜂王触角一般是12节，而雄蜂触角是13节，这也是进行雌雄鉴别的简便方法。在触角鞭节上分布着各种感受器。

（3）口器。蜜蜂的口器为嚼吸式口器，适于咀嚼花粉和吸吮花蜜。由上唇、上颚、下唇、下颚4部分组成。上部口器是由一对大的上颚和上唇组成，起咀嚼作用。下部口器由一对下颚和下唇组成，并组合形成管状喙，喙是蜜蜂摄取液体食物的器官。

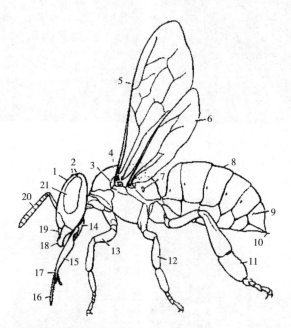

1.头部；2.单眼；3.翅基片；4.胸部；5.前翅；6.后翅；7.气门；8.腹部；9.气门；10.螫针；11.后足；12.中足；13.前足；14.下唇；15.下颚；16.中唇舌；17.喙；18.上颚；19.上唇；20.触角；21.复眼

图2-21　工蜂的外部结构

2. 胸部

（1）足。蜜蜂有前、中、后3对足。工蜂的足是它的运动器官，也适于采集和携带花粉，还是蜜蜂的听觉器官。工蜂的后足较长，已进化成一个可以携带花粉团的特殊装置，即花粉筐，可以用来携带花粉或蜂胶。蜂王和雄蜂采集花粉的器官及其功能均已退化。

（2）翅。蜜蜂具两对透明膜质翅，翅上有加厚的网状翅脉，飞行时每秒可扑动400多次，飞翔敏捷。蜜蜂的翅除飞行外，还能扇动气流，调节巢内的温湿度，促进稀蜜浓缩。翅还能振动发声，进行信号传递，例如音频的长短表明蜜源的远近。

3．腹部

（1）消化系统。腹部是蜜蜂消化和生殖的中心，由多个腹节组成，腹节间由节间膜相连，每一腹节由腹板和背板组成，可以自由活动伸缩、弯曲，有利于采集、呼吸和螫刺等活动。在每一腹节背板的两侧有成对的气门（图2-22）。腹腔内充满血液，分布着消化、排泄、呼吸、循环和生殖等器官以及臭腺、蜡腺和螫刺。

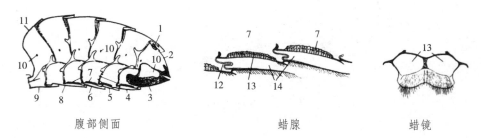

腹部侧面　　　　　　　　蜡腺　　　　　　　蜡镜

1.臭腺；2.第7腹节背板；3～6.第7，6，5，4腹节腹板；7.蜡腺；8.第3腹节腹板；9.第2腹节腹板；10.气门；12.节间膜；13.蜡镜；14.蜡鳞袋

图2-22　工蜂的腹部

蜡腺专门分泌蜡液。工蜂蜡腺细胞12～18日龄最发达。

蜡腺为工蜂所特有，雄蜂和蜂王蜡腺均已退化。工蜂有4对蜡腺，分别位于第4～7腹节的腹板两侧卵圆形区域，光滑如镜，称蜡镜，是产生蜡鳞的地方。由上皮细胞特化而成的蜡腺细胞分泌的蜡液，通过微孔渗透到蜡镜表面，遇空气后固化为蜡鳞，成为建造蜂巢的材料（图2-23，图2-24）。

图2-23　造脾的工蜂（王星摄）

图2-24　工蜂腹部的蜡片（王星摄）

臭腺能分泌挥发性信息素，用以发出信息，招引同类。

工蜂的螫针是由已失去产卵功能的产卵器特化而成的，具有倒钩，内有毒液，是蜜蜂的自卫器官。工蜂失掉螫针，不久就会死亡。

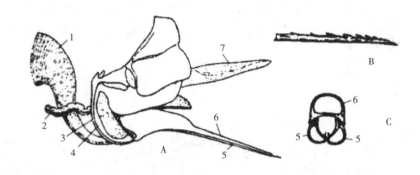

A.螫针；B.倒刺；C.毒液道

1.毒囊；2.碱腺；3.感针挺；4.感针挺；5.感针（腹产卵瓣）；
6.刺针（内产卵瓣）；7.针鞘（背产卵瓣）

图2-25　工蜂的螫针

螫针基部有螫针球、碱腺、毒囊、1对弯曲臂和3对形状各异的骨处等结构（图2-25）。毒腺分泌毒液，贮存在毒囊中。工蜂螫刺时，腹部下端突然下弯，针杆从腹部伸出并刺入敌体，两根感针反复交替推进针杆尖步步深入，使针越刺越深。每条感针上有10个倒钩，导致整个螫针及其基部结构一起和蜂体分离，留在敌体，离体的螫针还会有节律收缩，进一步深刺和排毒，直到毒液全部排完为止。

图2-26　蜂针疗法（郭家豪摄）

蜂针疗法

蜂针疗法是利用蜜蜂尾部蜇针运用针灸原理蜇刺人体穴位的一种医疗方法，蜂针疗法主要应用于风湿、类风湿性关节炎、骨关节病、腰椎颈椎病等多种疾病。兼有针、药、灸三种作用。蜂针能刺激人体的经络、皮部，以疏通经络，调和气血；蜂毒输入人体，发挥了蜂毒药理功效；蜇刺后局部充血红肿，皮温升高，有温灸效应（图2-26）。

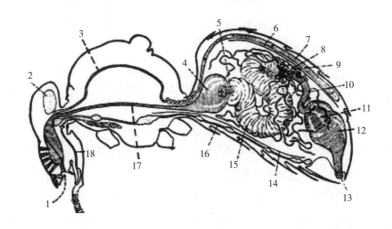

1.口　2.脑　3.动脉　4.蜜囊　5.前胃　6.背膈　7.心脏　8.马氏管　9.心门　10.小肠　11.直肠腺　12.直肠　13.肛门　14.腹膈　15.中肠　16.神经索　17.食管　18.涎管

图2-27　工蜂的腹部

蜜囊是暂存花蜜和水分的囊袋，囊壁为富有弹性的半透明膜，后部以前胃与中肠相连。当前胃唇瓣紧闭时，食物不能进入中肠，而贮存于蜜囊中。蜜囊的收缩性很大，吸满蜜汁时，意大利工蜂蜜囊容积可由14～18微升扩大至55～60微升。中蜂工蜂蜜囊的容积存积可扩大至约40微升。

中肠又称胃，是蜜蜂消化食物和吸收养分的主要器官，养分由肠壁吸收，直接进入周围的血液中，并运送到身体的各器官组织。

后肠由大肠和小肠构成，食物在小肠内继续消化吸收，最后进入大肠。大肠可以吸收水分，所有的食物残渣都经过这里，吸收水分后排出体外。

马氏管是细长的盲管，蜜蜂的排泄器官。起始于中肠和后肠交界处，管的盲端伸入到腹腔的各个部位，充分与血淋巴接触，代谢废物进入马氏管，形成尿，进入后肠，与粪便一同排出。

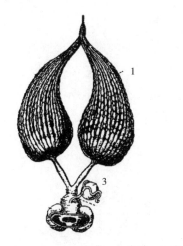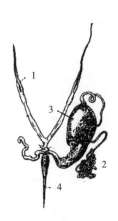

1.卵巢　2.毒腺　3.毒囊　4.螫针

图2-28　蜂王和工蜂的生殖器官

（2）生殖系统。蜂王卵巢呈梨形，由众多卵巢管紧密聚合而成，每个卵巢有100～150条卵巢管。产卵王的卵巢几乎占满整个腹腔。工蜂是性器官发育不全的雌性蜂，生殖器官显著退化，失去正常的交配和生殖机能，卵巢仅具有3～8条卵巢管（图2-28）。蜂群长期失王情况下，部分工蜂卵巢发育，产出少量未受精卵，称为"工蜂产卵"。

（二）蜂群的生长发育

在一个正常的蜂群中，蜂群在一年当中的生长发育是随着季节的变化而变化。在气候适宜的季节，蜂群每天都有数百只甚至一两千只蜜蜂死亡，但是同时蜂群中每天都有很多幼蜂羽化出房。这样的新老交替不断地进行。

1.蜂群的周年生活规律

蜂群的周年生活，是一年中蜂群蜜蜂数量的变动情况以及生活规律的变化过程。

（1）蜂群春季发展时期。根据蜂群中蜜蜂数量和质量的变化，春季蜂群的生活可以分为三个发展阶段，即更替越冬蜂阶段、蜂群迅速发展阶段、积累工作蜂的阶段。

（2）更替越冬蜂阶段。随着春天来临，气温慢慢回升，越冬蜂中的蜜蜂进行第一次排泄飞行之后，蜜蜂新陈代谢活动的增强，并将蜂巢中心的温度提高到

32℃以上时，蜂王开始产卵。一旦蜂王开始产卵，蜜蜂就将蜂巢中心的温度保持在32℃~35℃，同时巢内饲料的消耗也随之增加。蜂王开始产卵时，每天只产100~200粒卵，以后逐渐增加，产卵圈迅速扩展。在产卵盛期，意蜂每昼夜可产2 000粒左右，产卵性能好的蜂王甚至可产3 000粒左右，中蜂每昼夜可产1 000粒左右。

春季繁殖生长速度与蜂群进入越冬期的群势以及适龄越冬蜂在蜂群中所占的比例密切相关。越冬蜂群越弱小，蜂群为了维持巢内所需的温度所消耗的饲料和能量越多，工蜂身体的损耗也就越大，这种蜜蜂越冬后就很容易衰亡。相反，群势越强，越冬期工蜂身体损耗相对较小，春季繁殖生长速度越快。如果秋季羽化出房的工蜂出房时主要流蜜期已结束，巢内幼虫不多，它们所负担的哺育幼虫的任务很轻，巢内又贮备了充足的饲料。这样的工蜂的脂肪和营养腺都保持良好的发育状态，经过漫长的越冬期后，第二年春天这样的工蜂仍哺育力较强，寿命也较长。因此，在秋季培育好大量的适龄越冬蜂是来年春季蜂群快速繁殖的可靠保证。秋季蜂群培育的适龄越冬蜂越多，群势越大，越冬后蜂群哺育幼虫的能力就越强，春季蜂群恢复发展就越快。

越过冬的蜜蜂逐渐被春季培育的新蜂更替，这个过程需30~40天，蜂群的蜜蜂全部更新以后，其质量也发生很大变化，哺育蜂子能力得到很大提高。越过冬的老蜂，平均每只蜂能哺育1个幼虫，而春季的新蜂，平均每只蜂可哺育将近4个幼虫，为蜂群的迅速发展创造了条件。

①蜂群迅速发展阶段。随着蜂群哺育能力的日益提高，每天羽化的幼蜂很快就超过了老蜂的死亡数，蜂群迅速发展壮大。这个时期，蜂群哺育蜂子的数量与蜜蜂的数量成正比。随着蜜蜂数量的不断增加，哺育蜂子的数量也逐渐增长，但到蜂群发展到一定程度，这种正比例关系就会发生变化。表现为蜂群重量越大，按单位量蜜蜂计算，所能哺育的蜂子数量就越小，蜂王产卵的速度逐渐减慢。蜂群中蜜蜂的数量和封盖蜂子数量比例关系的转变，是蜂群开始进入积累工作蜂阶段的标志。

②积累工作蜂的阶段。即采蜜和分蜂的准备阶段，是在蜂群群势发展到8框蜂以上时开始的，这一阶段蜂群中蜂子总数继续增长，蜂王的产卵力继续提高，蜜蜂的平均寿命延长，蜂群中积累起大量青幼年蜂，它们具有巨大的工作潜力，这种潜力的高度，可以保证蜂群在主要采蜜期有充分的力量采集饲料，有利于蜂

群的群体繁殖。在分群的情况下，保证新分蜂群更有效地修造新巢脾，更迅速地恢复群势和为自己采集足够的饲料，这就提高了新分群生存的可能性。

（3）主要采蜜期。在整个蜂群活动季节，只要外界的蜜粉源植物开花，天气允许，工蜂就会去采集花蜜和花粉。群势强的蜂群，几天之内即可贮存几十千克酿制成熟的剩余蜂蜜，这个时期叫主要采蜜期或称主要流蜜期。

蜂群从春季就为采集主要蜜源进行大量的准备，一到流蜜期，蜂群的主要力量就从哺育蜂子转移到采集和酿造蜂蜜。弱小的蜂群在主要流蜜期要继续哺育蜂子，采集蜜也少，因此在养蜂生产中，要养强群。在主要流蜜期，工蜂由于采集和酿蜜工作繁重，容易衰老死亡，工蜂寿命可以缩短到20天左右，所以在主要流蜜后期群势下降很快。由于蜂蜜和花粉占据了很多巢房，会妨碍蜂王的产卵，压缩产卵圈，影响蜂群的繁殖，因此在养蜂生产上，要根据主要流蜜期到来的时间和持续期来采取相应的措施，调节蜂群的生长、繁殖和采集酿蜜之间的关系。

（4）蜂群秋季更新期。秋季最后一个主要采蜜期结束以后，年老的工蜂逐渐由秋季哺育的幼蜂代替，这种幼蜂由于没有参加哺育幼虫的工作，它们各种腺体保持初期发育状态，越冬以后，来年春季仍然具有较强哺育幼虫的能力。

最后出房的一批蜜蜂，要利用晚秋气温不低于12℃的晴暖天气进行越冬前的排泄飞行。如果秋季出房的蜜蜂没有机会出巢排泄，它们就不能安全越冬，而且会在巢内骚动，影响其他蜜蜂。

（5）蜂群越冬期。当气温下降到14℃时，蜂群开始形成蜂团，蜂王在越冬蜂团中央，全群的蜜蜂聚集在周围，在巢脾上形成一个球形体。结团的蜜蜂以糖为能源进行代谢产生热量，依靠群体产生的热量来维持蜂群生命活动所必需的温度。气温继续下降时，蜂团依靠中心的蜜蜂产生热量，而蜂团外围的蜜蜂则起到绝缘层的作用，减少内部热量的散失。外界气温较高时，蜂团比较松散，气温低时，蜂团比较紧密。越冬蜂团在蜂箱内形成的部位取决于巢门的位置和箱外热源条件。越冬蜂团大多在对着巢门的巢脾上形成，这样便于呼吸到新鲜的空气，白天有阳光照射时，蜂团就移向箱体朝阳的一侧。蜂团外围的蜜蜂紧密聚集成蜂团，外壳的表面温度经常保持在6～8℃，这是单只蜜蜂不致被冻僵的最低温度，蜂团内部的温度可达14～30℃。气温继续下降，蜜蜂就要消耗蜜脾上的贮蜜代谢产生热量。气温下降得越低，蜜蜂的这种代谢热产生也就越多。随着饲料的不断消耗，越冬蜂团首先向蜜脾上方或后方有贮蜜的地方移动，等到蜂团所在蜜脾上的贮蜜用完了，就向邻近的蜜脾上转移。如果邻近巢脾上没有贮蜜或贮蜜不多，都有可能造成越冬失败，导致整群蜂死亡。

秋季哺育大量的适龄越冬蜂、贮备有足够的优质饲料、有良好的越冬场地和保温条件，蜂群就能顺利度过严冬，待到春暖花开，又重新繁殖，开始生命的新一轮周期。

2.分蜂

分蜂是蜂群的繁殖方式。一群蜜蜂的蜂王和一部分工蜂（有时还会有少量雄蜂）飞离蜂巢，到新的地方另筑新巢，而将原巢留给即将羽化的新蜂王和剩下的那部分工蜂及全部的蜂子。原来的一群蜂就分成了两群，就实现蜂群的群体繁殖。

图2-29　收捕分蜂团（王星摄）　　　　　　图2-30　分蜂王台（王星摄）

蜂群一般在春末夏初进行分蜂（图2-29），分蜂的发生与地理、气候、蜜源、管理、蜂巢容积等因素都有关系。蜂群在积累工作蜂阶段，群内出现了大量的青、幼年蜂，它们分泌的蜂王浆却没有那么多幼虫可以饲喂，外界主要的蜜源植物又没开花供它们采集，导致很多青幼年蜂无事可做，引起分蜂。蜂群分蜂前一般是先造雄蜂房，大量培育雄蜂，然后在巢脾下沿筑造多个台基，迫使蜂王在台基内产卵，工蜂将台基筑造成王台，将其中的卵培育成新蜂王（图2-30）。

分蜂预兆

待到王台封盖后，采集蜂出勤明显减少，许多巢内的工蜂停止工作，聚集在巢内空处，巢脾上角和巢门口，大量工蜂爬在巢门前蜂箱壁上，发生"挂胡子"现象。同时，对蜂王的饲喂减少，使蜂王的产卵力下降，腹部逐渐缩小，体重变轻，待王台封盖后的2～5天即会发生分蜂。

（三）蜂群的行为

1. 采集活动

蜂群所需的营养物质，都是由工蜂去采集的，蜜蜂的主要采集物有花蜜、花粉、树胶、矿物质和水，有时也采集一些其他的含糖物质，如甘露蜜、破裂水果的果汁等。蜜蜂初次进行采集活动，一般在10～30日龄，有很大的伸缩性，蜜蜂采集的最适温度为15～25℃，每只采集蜂每天飞出采集8～10次，意大利蜂的采集半径2 000～3 000米，如果附近无蜜源，采集最大距离可达到7千米以上，中蜂的采集距离较短，一般不会超过1千米。

采蜜

花蜜是植物蜜腺分泌的含糖物质，它具有招引昆虫为其传粉授精的作用。蜜蜂用喙舐吸花蜜（图2-31），蜂群要获得1千克成熟的蜂蜜，需要工蜂外出采集150万～200万朵刺槐花，花蜜存贮在蜜囊中带回蜂巢。

采粉

蜜蜂采集花粉后，把花粉装入后足的花粉筐内，两只后足携带的花粉团重量基本相等（图2-32）。一只意大利蜂每次采粉为12～29毫克，中蜂约为11.5毫克。

图2-31 采蜜（王星摄）

图2-32 采粉（王星摄）

图2-33 采水（王星摄）

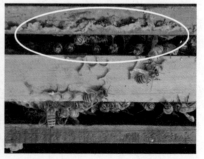

图2-34 蜂箱边缘的蜂胶

主要是为了用来稀释蜂蜜作幼虫的饲料，以及降低巢内的温度和提高湿度，成年蜜蜂自身生活也需要一定量的水。在主要蜜源流蜜期，由于采进大量新鲜的花蜜，其中所含的水分可以满足蜂群的需要，因此蜂群采水活动在早春哺育幼虫期间和高温干旱季节最为频繁。一只采水蜜蜂每日采水可达50次，每次带回25毫克左右的水。

采集树胶

蜜蜂能从胶源植物的嫩芽或松、柏等树木的破伤部分采集树胶或树脂，带回巢内调制成蜂胶使用。当采胶蜂带回两团树胶后，另一个工蜂帮助它卸下来，在树脂中可以加入蜂蜡和唾液，调制成蜂胶，用于加固巢脾，抹光巢房内壁，填补蜂箱裂缝，缩小巢门，封固巢内被杀死的敌害的尸体。中蜂不采集树胶。

2. 饲喂

幼蜂出房3天后就开始饲喂幼虫，在幼虫孵化的前2天，哺育蜂喂给幼虫的饲料比它的食量多得多，所以幼虫好像是漂在乳白色的饲料上，3天后，幼虫房内贮存的饲料被吃光了，哺育蜂此后再间断性地饲喂给幼虫食物。

哺育蜂用头部逐一探入幼虫的巢房，尾部翘起，舌端吐出蜂王浆，放在幼虫头部附近，幼虫以躯体蹦蠕动摄食。每只幼虫每天要被哺育蜂探访1 300多次！幼虫总计被探视可达10 000次以上，大约探视10次饲喂1次。

蜂群中工蜂相互传递食物。5日龄以内的雄蜂多由工蜂饲喂，之后自己取食。蜂王的一生几乎全由工蜂饲喂，工蜂不断彼此相互饲喂，特别是2日龄内的幼蜂被饲喂的机会更多。二者头对头，用喙饲喂，饲喂过程中两只蜂的触角不断相互接触（图2-35，图2-36）。

图2-35 工蜂之间的相互饲喂（王星摄）　图2-36 饲喂正在出房的工蜂（王星摄）

3. 酿蜜

蜜蜂采集回巢的花蜜中含60%～80%的水分，蜜蜂把花蜜酿成蜂蜜，要经过唾液酶的作用将蜜中的蔗糖转化为葡萄糖和果糖，并且排出花蜜中的多余水分。当采蜜蜂满载而归时，内勤蜂马上接收它采回的花蜜，寻找一个不拥挤的地方，开始酿造，通过扇风，增大蜜滴的表面积，混入唾液，使花蜜中的水分迅速蒸发，含水量降至18%以下，蔗糖含量降至5%以下，封蜡盖，即可长期保存。

巢蜜

巢蜜又称蜂巢蜜或格子蜜，是蜜蜂从花朵中采花蜜直接吐入巢房内，经过反复酿制成熟，并用蜂蜡封盖而成的，融蜂蜜、蜂胶、蜂蜡、花粉及蜜蜂分泌物的营养于一体，是完好地保存在蜂巢中（图2-37）。巢蜜未经人为加工，不易掺假和污染，品质比分离蜜高，可直接食用。由于有蜂蜡自然的保护屏障，保持了蜂蜜的风味和香味，经过蜜蜂长时间酿造并封蜡保存，能保存较长时间不会变质。巢蜜含有丰富的生物酶、维生素、多种微量元素，为蜜中之极品。

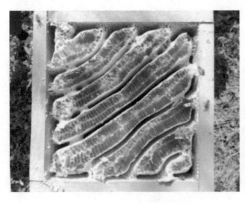

图2-37　中蜂巢蜜（王星摄）　　　　图2-38　蜜蜂新造的巢房及卵（王星摄）

4. 筑巢

幼龄工蜂腹部有四对蜡腺分泌蜡液。工蜂要消耗大量的碳水化合物，蜡腺才能泌蜡，蜜蜂要消耗3.5～3.6千克蜂蜜才能分泌1千克的蜂蜡。

工蜂的触角在测量巢房壁厚度的过程中起着关键作用。如果人为截断工蜂触角末尾的第6节，工蜂的筑巢行为就会变得混乱无序，甚至部分巢房会被工蜂啃出小孔，房壁厚度也会变成正常厚度的118%。

5. 信息传递

（1）蜂舞。蜜蜂利用不同的形式，不同摆动频率的"舞蹈"动作，来传递各种信息，蜜蜂的这种行为方式人们称之为"蜂舞"（图2-39）。

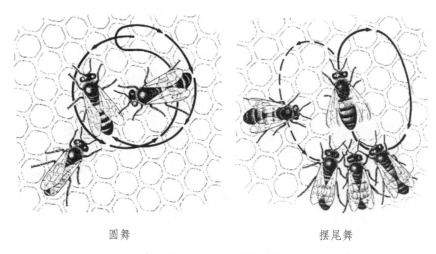

圆舞 摆尾舞

图2-39 蜜蜂的舞蹈

西方蜜蜂的舞蹈主要有圆舞、摆尾舞、新月舞等。

①圆舞。当蜜蜂在距离蜂箱100米以内发现食物后，回巢后进行圆舞表演，蜜蜂在蜂巢上转圆圈，这种动作是告诉同伴蜜源离这里很近。蜜蜂在巢脾上用快而短的步伐作范围狭小的圆圈跑步，经常改变方向，忽而转向左边绕圈，忽而转向右边绕圈。舞蹈时间连续几秒钟甚至1分钟，然后可能爬到巢脾的另一地方吐出采来的花蜜分给周围的工蜂，然后可能停下来或又在巢脾的其他地方开始舞蹈。最后，急速地爬出巢门飞走。这种蜂舞"激发"其他蜜蜂随之出巢，到预定的地点去采蜜。

图2-40 蜜蜂的摆尾舞（引自苏松坤）

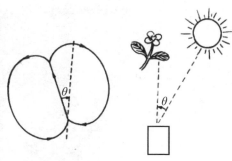

图2-41 蜜蜂摆尾舞的导向

②摆尾舞。当蜜源距离蜂巢100米以上时，蜜蜂用摆尾舞传递信息。在舞蹈过程中，当它沿着直线爬行时，同时腹部向两边摆动，因此被称为"摆尾舞"（图2-40）。蜜蜂在摆动中以250赫兹低频发出一连串的短音，其音量与食物来源的距离有高度的相关性。摆尾舞中直跑部分的方向与地面形成的夹角与太阳方位、蜂巢巢门、蜜源三点形成的夹角一致，可用以传达蜜源方向的信息。在垂直的巢脾上，蜂舞中轴和重力线所形成的交角，则表明以太阳为准，所发现食物的相对方向（图2-41），不同品种蜜蜂以舞蹈表示蜜源的距离也有差异。

③新月舞。又称镰刀舞，当蜜源植物离蜂巢10米外、不足100米时，蜜蜂用新月舞的过渡型蜂舞传递信息。距离达到100米时，新月舞便转变为摆尾舞。

此外，还有呼呼舞、报警舞、清洁舞等。

（2）蜜蜂信息素。蜂群长期生活在黑暗的蜂巢内，蜜蜂个体间信息的传递除了接触、声音、舞蹈以外，大量的信息是依靠化学物质来传递的，这种在同种昆虫的不同个体间能起通讯联络作用的化学物质称为信息素。蜂王和工蜂所分泌的信息素主要如下。

蜂王信息素：蜂王上颚腺信息素、蜂王背板腺信息素、跗节腺信息素、科氏腺信息素等。能抑制工蜂卵巢的发育和阻止建造王台，也是工蜂识别它的信号对工蜂有高度的吸引力。

工蜂信息素：工蜂上颚腺信息素、告警信息素、纳氏腺信号素、跗节腺信息素、蜂蜡信息素等，有抗菌、引起刺蜇、调整分蜂团运动与稳定、引导本群蜜蜂寻找巢门、刺激蜜蜂的采集和贮藏行为等作用（图2-42）。

图2-42　工蜂打开臭腺招引同伴（王星摄）

雄蜂信息素：性成熟的雄蜂婚飞时，在选定的地点上空成群飞翔，释放信息素，引诱处女王飞来。

蜂子信息素：抑制工蜂卵巢的发育，使工蜂便于区别雄蜂幼虫和工蜂幼虫。老熟幼虫的信息素促使工蜂将其巢房封上蜡盖，以利于化蛹。

第三章　蜜粉源植物

分泌花蜜可供蜜蜂采集的植物称蜜源植物，产生花粉的可供蜜蜂采集的植物称粉源植物。蜜粉源植物是养蜂业的物质基础。一个地区蜜粉源植物对蜜蜂的生活有重要影响，同时也影响着蜂群的饲养管理方法。

一、蜜粉源植物的类型

1.主要蜜源植物

一般我们把数量多、面积大、花期长、分泌花蜜多、可以生产大量商品蜜的植物称为主要蜜源植物，如油菜、紫云英、柑橘、橡胶树、荔子、龙眼、柿树、刺槐、紫苜蓿、枣树、乌桕、山乌桕、老瓜头、荆条、草木樨、椴树、芝麻、棉、胡枝子、大叶桉、鸭脚木、荞麦等。

2.一般蜜源植物

把能取到商品蜜、但数量没有主要蜜源植物多，或是虽然单产高但只分布于局部地区的植物。如苹果、沙枣、薄荷、枸杞等。

3.辅助蜜源植物

只能供蜂群自己生活需要或仅能取到少量商品蜜的植物，称为辅助蜜源植物。如桃、梨、苹果、山楂等。

4.药用蜜源植物

指能为蜜蜂提供花蜜或花粉的药用植物。如党参、薄荷、枸杞、黄连、黄芪等。

5.有毒蜜源植物

有一些植物所产生的花蜜或花粉，能使人或蜜蜂出现中毒症状，这些植物称为有毒蜜源植物（图3-1）。如雷公藤、博落回、茶树、昆明山海棠、藜芦等。藜芦蜜、粉能引起蜜蜂中毒死亡；茶树或油茶蜜，对人无害对蜜蜂有毒，能使蜜蜂寿命缩短，幼虫腐烂；雷公藤、昆明山海棠的花蜜和花粉对蜜蜂无毒，但会使人食后中毒或发生疾病。博落回蜂蜜和花粉对人和蜜蜂都有剧毒。

　　雷公藤　　　　　　　　博落回　　　　　　藜芦（引自张彦文）

图3-1　部分有毒蜜源植物

6. 粉源植物

能为蜜蜂提供大量花粉兼有少量花蜜的植物，包括大量风媒植物和一些虫媒植物。如松、玉米、高粱、水稻、猕猴桃、瓜类、棕榈树、蒿等。

7. 胶源植物

这些植物分泌树脂、树胶液，并能被蜜蜂采集加工成蜂胶。如柳科、松科、桦木科、柏科和漆树科中的多数种，以及桃、李、杏、向日葵、橡胶树等植物。

8. 甘露植物

某些植物嫩枝的幼叶或花蕾等表皮渗出像露水似的含糖甜液，能被蜜蜂采集加工成蜜，这类植物称甘露植物，如马尾松、银合欢等。

9. 蜜露植物

某些昆虫（如蚜虫）以口器刺穿某些植物吸食液汁后排出含糖甜汁液，这些植物称蜜露植物，如高粱、玉米、棉花等。

二、我国主要蜜粉源植物

（一）主要蜜粉源植物种类

1.我国主要蜜源植物，见表3-1

表3-1　我国主要蜜源植物

名称	花期（月）	花粉	蜂群产蜜（千克）	主要分布地区
紫云英	3～5	多	10～30	长江流域
柑橘	3～5	多	10～30	长江流域
荔枝	3～4	少	20～50	亚热带地区
龙眼	5	少	15～25	亚热带地区
荆条	6～7	中	20～50	华北、东北南部
椴树	7	少	20～80	东北林区
刺槐	5	微	10～50	长江以北，辽宁以南
油菜	12～4，7	多	10～50	长江流域，三北地区
橡胶树	3～5	少	10～15	亚热带地区
苕子	4～6	中	20～50	长江流域
柿树	5	少	5～15	河南、陕西、河北
紫花苜蓿	5～6	中	15～25	陕西、甘肃、宁夏
白刺花	4～6	中	20～50	陕西、甘肃、四川、贵州、云南
枣树	5～6	微	15～30	黄河流域
窿缘桉	5～7	多	25～50	海南、广东、广西、云南
乌桕	6～7	多	25～50	长江流域
山乌桕	6	多	25～50	亚热带地区
老瓜头	6～7	少	50～60	宁夏、内蒙古荒漠地带
草木樨	6～8	多	20～50	西北、东北
芝麻	7～8	多	10～20	江西、安徽、河南、湖北

（续表）

名称	花期（月）	花粉	蜂群产蜜（千克）	主要分布地区
棉花	7～9	微	15～30	华东、华中、华北、新疆
枸杞	5～6	多	10	宁夏
党参	7～8	少	10～30	甘肃、陕西、山西、宁夏
泡桐	4～5	中	20	黄河流域，河南最多
胡枝子	7～9	中	10～20	东北、华北
向日葵	8～9	多	15～30	东北、华北
大叶桉	9～10	少	10～20	亚热带地区
野坝子	10～12	微	15～25	云南、贵州、四川
鸭脚木	11～1	中	10～15	亚热带地区
益母草	6～9	少	10	全国各地

2. 我国主要粉源植物，见表3-2

表3-2　我国主要粉源植物

名称	花期（月）	花粉	蜂群产蜜（千克）	主要分布地区
茶	10～12	多	有毒蜜源	浙江、福建、云南、河南
油茶	10～12	多	有毒蜜源	长江流域及其以南各地
荷花	6～9	多		湖南、湖北、河南
玉米	6～7	多		广泛栽培
水稻	4～9	中		广泛栽培
板栗	5～6	中		辽宁、河北、黄河流域
松树	3～6	多		华北、华中、西南、西北、东北
棕榈树	3～5	多		长江以南各省
白桦	4～5	多		东北、西北、西南
柳树	3	少		全国各地

（二）主要蜜源植物泌蜜特点及蜂群管理

1. 油菜

别名菜苔，十字花科1年或2年生草本植物，花黄色，花中有两对蜜腺，圆形，绿色。油菜是我国的主要油料作物，南北均广泛栽培（图3-2）。我国油菜分三种类型：白菜型（如黄油菜），芥菜型（如高油菜、苦油菜），甘蓝型（如胜利油菜）。它们是我国南方春季和北方夏季主要蜜源植物。南部亚热带地区油菜花期是蜂群春繁的好地方，北方油菜集中的地方，如青海、甘肃河西走廊是油菜蜜的生产基地。

（1）泌蜜习性。油菜花期因类型、品种、地区不同而不同。白菜型最早，芥菜型居中，甘蓝型最晚。秦岭及长江以南地区白菜型花期为1—3月，芥菜及甘蓝型花期为3—4月。华北及西北地区，白菜型花期为4—5月，芥菜型及甘蓝型花期为5—6月，东北及西北部分地区延迟至7月。油菜花期一般25～30天，盛花期大约有15天。油菜开花泌蜜适宜温度为12～20℃，10℃以下或30℃以上泌蜜量小。相对湿度要求为60%～70%，肥沃湿荫土壤泌蜜丰富。油菜上午泌蜜含糖量低，中午泌蜜多且含糖量高。油菜花粉丰富，可采集大量商品花粉，也是生产蜂王浆的重要蜜源，油菜花期强群可取商品蜜10～50千克。蜂场可在南方利用黄油菜花期繁蜂，胜利油菜花期取蜜、取浆、生产花粉。生长较好的油菜2亩（1亩约为667平方米，全书同）地可以放置一群蜂。

油菜蜜：浅琥珀色，略有混浊。气味清香带青草味，甜而不腻，有油菜花香味。味道甜润，极易结晶，结晶粒细腻呈油脂状，结晶蜜呈乳白色。

油菜花粉淡黄色，无异味，深受消费者的欢迎。

（2）蜂群管理。油菜花期正处于蜂群增殖阶段，期间气候多阴雨低温，时有寒潮，蜂群管理要注意强群繁殖。早春合并弱群，双王繁殖，务必做到蜂多于脾。及时收听天气预报，尤其是寒潮来袭时保证蜜、粉充足。繁蜂时务必保证蜂数密集。单脾开繁一般在第1张脾的幼虫封盖后再加第2张脾，并保证有充足的花粉、饲料供应。

利用油菜花期从南向北逐渐推迟的规律，实行"南繁北采"的办法，实行转地饲养。油菜是南方第一个大蜜源，应力争强群高产。油菜花期取蜜、产浆、脱粉，繁殖与生产并重，为下一蜜源做好准备。如果夏季在北方采油菜还要积极防治蜂螨，保证蜂群健康。

图3-2　油菜（王星摄）

每年油菜花期，难免是"几家欢喜几家愁"，根本原因在于蜂群的战斗力不同。

"强群才是硬道理"！

油菜花期的收入，主要是王浆、蜂蜜。

强群已经早早开始取浆了，而且春季王浆的价格都比较可观，蜂群王浆的产量近年来也有明显上升。有的蜂场，不管丰收还是歉收，至少生产王浆不停，起码保本。只要天一放晴，就有第一笔收入。大转地养蜂模式下春繁的水平和成果，在这期间集中体现。

春繁成功的基础是：强群、饲料充足、无螨害、不起盗。至于什么是强群，没有统一规定，各人认定标准不一。有一牛人，他眼中强群不是看脾，而是按"斤"算，以至于有人一看蜂箱就认定，"要是这样的蜂我也会养"。

有一师傅在圈子里以养蜂高产稳产著称，在接受CCTV采访时，没有讲出什么惊天地泣鬼神的大道理，核心只有俩字"强群"。

2. 刺槐

它又名洋槐，豆科落叶乔木，我国20世纪初开始从欧洲引入栽培（图3-3）。分布主要在我国长江以北长城以南以及辽南等地。刺槐喜湿润肥沃土壤，适应性强，耐旱。

（1）泌蜜习性。我国各地刺槐开花泌蜜期差异很大，开花期在4—6月。刺槐泌蜜量大，但受气候影响较大，尤其是风对泌蜜影响很大。由于地势、气温、降水量的差异，各地区刺槐开花期不同，花期长短不一。地势低、气温高、降水量少的地方，开花早。不同地区刺槐开花泌蜜有很大差异，蜂场可转地追花夺蜜，可采2～3个场地刺槐。四川盆地开花最早，3月下旬到4月初开花，山东济南5月1日，北京5月10日左右，沈阳5月20日始花，呼和浩特最迟，为5月30日。始花期每差纬度1度，向北平均推迟3天左右。刺槐在正常年里全天泌蜜，头年降水量足，吸收营养多，花期夜露、晨雾，昼暖无风，丰收在望。干热风天气，蜜腺萎缩，上午泌蜜，下午无蜜。生长在酸性黑壤比在碱性红壤、沙质土壤里的刺槐生长得好，泌蜜量大。蕾期受冻，花期阴雨，早期落花，无蜜，中期大风落花，影响产量。刺槐适宜的泌蜜温度为18～25℃。

刺槐是初夏的主要蜜源植物，群产蜜10～40千克，不仅可以生产大量商品蜜，而且有利于蜂群繁殖，也是产浆的极好时期。

刺槐蜜（洋槐蜜）：水白色，黏稠透明，具槐花清香气味，甜而不腻，不易结晶，是国内外受欢迎的蜜种。

（2）蜂群管理。刺槐花期短，泌蜜涌，缺花粉，长途转地饲养的蜂群应组织强群集中采蜜、产浆。选择场地时，附近最好是10～20年树龄，生长旺盛，土质以黄土或黄沙土为宜。组织部分处女王群采蜜，提出部分子脾，减轻巢内负担，能提高采蜜量，并能生产优质蜂王浆。刺槐花粉少，场地周围有瓜花最为理想，追花夺蜜要注意及时补饲花粉或及时转入粉源充足场地繁蜂。

刺槐花期里工蜂泌浆量大，浆质好，抓紧育王分蜂，防治蜂螨，扩大蜂群数量，为采集刺槐以后的其他蜜源打好基础。槐花蜜对色泽要求高，应尽早清除杂蜜，生产单一花种的优质刺槐蜜。

图3-3　刺槐（汪舒萍摄）

由于小气候条件的影响，在同一地区的不同地点，刺槐开花时间也有差别。如辽宁省兴城市境内，山区5月15日到18日开花；半山区晚3～4天；海滨又推迟2～3天；菊花岛内的刺槐花期又比海滨晚2～3天。在兴城市境内采刺槐蜜，可连赶3个场地。丹东市郊的刺槐花期比宽甸县城郊早3～5天；宽甸县城郊比本县牛毛坞乡的刺槐早开花4～5天。可根据蜂群状况、花期灵活安排放蜂路线。

槐，又名国槐，落叶乔木，树型高大，其奇数羽状复叶和刺槐相似。枝叶茂密，绿荫如盖，适作庭荫树，在中国北方多用作行道树，是我国多个城市的市树。花期在夏末，是一种重要的辅助蜜源植物。其变种有龙爪槐、五叶槐、紫花槐。

刺槐：原产北美，17世纪传入欧洲及非洲，中国最初从欧洲引入青岛栽培，现中国各地广泛栽植，因此也被称作洋槐，是优质蜜源植物。刺槐栽培变种有红花刺槐、金叶刺槐等。

3. 荆条

它又名荆柴、荆子、荆棵，马鞭草科落叶灌木（图3-4）。主要分布在华北、东北南部。荆条耐寒、耐旱、耐瘠，适应性强。分布较集中的地区有山西沁水、阳泉、临石，北京房山、门头沟、密云、延庆、昌平，河北承德、并陉、青龙，辽宁朝阳、锦州等地。

图3-4　荆条（王星摄）

（1）泌蜜习性。花期一般在6—7月。荆条6月中、下旬开花，7月下旬结束，花期约40天，大泌蜜期只有20天。荆条喜高温，开花泌蜜常受地势、地形、环境条件和小气候的影响，可使花期提前或推迟10余天。开花顺序一般先村边、浅山，后远山、深山。就植株而言，先主枝，后侧枝。中心花蕾先开，周围花蕾后开。二年以上壮年荆条枝繁、花序多、花多、早开、泌蜜多。当年生或再生条，抗旱能力差，泌蜜量少；山坡、沟旁、林边、土层厚、土质肥沃、水分充足地带长势好，营养足，花序长，花朵多，泌蜜量大；沙岗地，长势差，泌蜜量较少。夜雨昼晴，雷阵雨过后即晴的闷热天气荆条泌蜜量最理想。低温寡照天气，停止泌蜜；干热风天气，花冠闭合，停止泌蜜。荆条上午泌蜜多，下午泌蜜少，空气潮湿，气温较高，整天泌蜜。荆条泌蜜的适宜温度25～30℃。冰雹袭击后荆条花蕾受冻，完全停止泌蜜。荆条花多泌蜜量大，大泌蜜期只要有10天以上的好天气，就能取得满意的效益。正常年景每个强群花期取蜜30～50千克，丰收年可达70千克以上。

荆条蜜：浅琥珀色，芳香可口，易结晶，结晶细腻，乳白色。

（2）蜂群管理。荆条花期蜜粉充足，气候适宜，繁殖、取蜜、生产王浆三不误。荆条花期长，在其开花之前要抓好蜂螨防治工作，使蜂群健康地渡过时间较长的采蜜期。泌蜜一开始就组织强群采蜜群。由于荆条花期长，蜂群管理上应尽力做到生产、繁殖并重。荆条场地多在棉花产区，在安排场地时要尽力避开棉花区，以防农药中毒。

（3）耐旱的荆条。荆条是北方干旱山区典型植被，荆条耐寒、耐旱、耐瘠。第一次见大量的荆条，是从北京蜜蜂研究所去莆洼中蜂育种基地的路上。路过北京的十渡风景区，中国北方唯一一处大规模喀斯特岩溶地貌，刀切斧劈般的峭壁上，点缀的绿色就是荆条了，山有多高，它就长多高，它想生长，有一个石缝就足够了。

在辽西，每到荆条花期，养蜂人就盼望，高温，高温！有点"心忧炭贱愿天寒"的劲头。最好是晒得大家都躲到树荫凉里，天热得大家在屋里不开风扇不打空调就待不住。然后一场透雨，丰收！

2000年，辽西大旱，旱得荆条一直蔫着不流蜜，旱得养蜂人都绝望了，纷纷转场。没想到，一场透雨，荆条重新开花，有的蜂场从椴树场地赶回来居然摇了8次蜜。这荆条，太坚强了！

4.椴树

椴树分为糠椴、紫椴，属椴树科落叶乔木（图3-5）。其中以东北长白山、完达山、小兴安岭林区最多。

糠椴

紫椴（王星摄）

图3-5 椴树

（1）泌蜜习性。紫椴、糠椴为主要蜜源植物，花期7月上旬至下旬，泌蜜量大，在连续高温、湿度大的天气泌蜜量多，大小年明显。

紫椴先开，花期6月下旬至7月中下旬，糠椴后开，7月中旬到下旬，椴树7月10左右进入泌蜜盛期，个别年份受气候影响可能提前或延后五六天甚至十多天。阳坡先开，阴坡后开，花期交错持续20多天，泌蜜15~20天。在小年、干旱、开花后期受暴风雨摧残等不利条件下，花期缩短5~7天。气温20~25℃，空气相对湿度70%，泌蜜最多，强群在泌蜜盛期日进蜜15千克以上。常年单产20~50千克，丰年超过50千克。受树体营养状况和自然条件影响，开花和泌蜜有明显大小年。花前长期干旱，花蕾受-3~5℃冻害，常是开花无蜜。有的年份遭虫害而绝产。花期为雨季，常因阴雨连绵减产或歉收。椴树属于高产但不稳产的蜜源。

椴树蜜：特浅琥珀色，具浓郁的薄荷香味，口感甜润，结晶洁白，深受消费者喜爱。东北的椴树蜜是闻名国内外的重要蜜种。

（2）蜂群管理。辅助粉源充足的场地可以提前进场繁蜂，原始林中一般等椴树临近开花再进场，否则花粉不足对蜂群发展不利。进场后抓紧治螨，临近流蜜期调整蜂群，采蜜群尽量达到12框以上，避免出现6~10框蜂的中间群。椴树泌蜜较好的年份，可利用外勤蜂组织部分强群采蜜、产浆。纯林区放蜂泌蜜后期要及时转运，防止缺粉影响蜜蜂繁殖甚至脱子。椴树泌蜜不好的年份，藜芦对蜂群影响大，蜜蜂易出现中毒现象，要谨慎选择场地。

清廷贡品——椴树蜜

据《吉林通志》记载，1657年（顺治十四年）清朝设在吉林城北的打牲乌拉总管衙门，专司贡蜜的生产与采集，有专业采蜜丁600余名。清代，白蜜（椴树蜜）被官方列为贡品中的上品。

吉林省档案馆馆藏档案中记载，光绪三十四年（1908年）十二月吉林巡抚奏折中写道："咨据打牲乌拉护理四品翼领富森保采捕恭备祭祀供品，应进白蜜十二匣、蜜尖十二匣、蜜脾十二匣、生蜜六千斤……用箱篓妥慎装固，饬交骁骑校金升等于十二月二十三日起程恭进。"

5. 紫云英

它又称红花草，1年或2年生草本植物，是原产于我国南方的野生植物，水稻产区广泛栽培作为绿肥，曾是我国南方及长江流域各省春季主要蜜源植物（图3-6）。

图3-6 紫云英

（1）泌蜜习性。紫云英开花最适宜温度是18～22℃。随着纬度北移，开花逐步推迟。南起广西玉林至广东韶关，北上湖南长沙，湖北武汉，直到河南信阳，花期从1月上旬至4月下旬，长达4个多月。紫云英泌蜜最适宜的温度是22～32℃，相对湿度75%～80%。紫云英前期长势良好，花蕾和蜜腺发育好，则开花泌蜜良好。紫云英开花前雨水均匀，土壤墒足，湿度在75%～80%，蕾期缩短，开花早。花期内气温高，雨水偏少，晚间有露水，泌蜜良好。紫云英生长地土壤含水量过多，容易造成根系腐烂，枝叶疯长而不泌蜜。紫云英花期遇有寒冷的西北风或干燥的东南风都影响泌蜜，倘遇有暴风雨还会突然断蜜。

紫云英蜜：蜜质优良，呈特浅琥珀色，清香，略有青草味，甜而不腻，为蜜中上品，及易结晶细粒状，乳白色。

（2）蜂群管理。紫云英是长江流域及其以南地区春季主要蜜源，根据花期情况一年可转地多次采集紫云英蜜源。同时可以生产鲜花粉、王浆、泌蜡造脾、培育新蜂王。

6. 荔枝

荔枝属无患子科常绿乔木，亚热带栽培果树，为我国主要春季蜜源（图3-7）。主要产区为广东、福建、广西壮族自治区（以下简称广西），其次是四川、台湾。

（1）泌蜜习性。荔枝栽培品种有160多个，分早熟、中熟和晚熟种，不同品种花期早晚差异大。荔枝喜温暖、阳光充足、空气流通、土层深厚而肥沃的酸性土壤，生长期间要求光照充足、高温高湿，最适温度为23～26℃，遇霜雪易受冻害。花芽分化期要求2～10℃低温，雨量少、相对湿度低的条件，超过19℃则成花困难，所以适宜生长在亚热带地区。荔枝花期因地区气候条件等不同而异，广东早中熟种荔枝开花在1—3月，晚熟种荔枝在3—4月；福建早中熟种3月至4月上旬，晚熟种在4月至5月中旬；广西晚熟种在3—4月。花期30天左右，自初花期至末花期均能泌蜜，主要泌蜜期20天左右，品种多的地区花期长达40～50天，泌蜜期长达30～40

天。温暖的年份开花早，开花期集中且缩短；气温低的年份，开花期延迟。每年开花泌蜜有大小年现象。

荔枝花朵数量多，一个花序有花数十朵至数千朵，花序上有雄花、雌花、中性花和极少数两性花。同一花序上的雌花、雄花和两性花不同时开放。荔枝在气温10℃以上才开始开花，13℃开始泌蜜，18~25℃开花最盛，泌蜜最多。

图3-7 荔枝

荔枝是晚间泌蜜，午夜1时左右达高峰。晴天夜间暖和，微南风天气，相对湿度80%以上，泌蜜量最大。遇北风或西南风不泌蜜。雄花花药开裂散出花粉主要在上午7—10时，蜜蜂7时以后大量上树采集，直至傍晚结束。荔枝树冠大花朵数量多，花期长，泌蜜量大，花期若晴天多，每群可取蜜30~50千克。

荔枝蜜：浅琥珀色，味甜美，香气浓郁，带荔枝香味，结晶乳白色，颗粒细，为上等蜂蜜。

（2）蜂群管理。荔枝是一种泌蜜量大、花期长、蜜质好、高产但不稳产的蜜源，气候好坏是决定蜂蜜产量的关键因素。蜜蜂采集荔枝花，不仅能产蜜、产浆，而且为荔枝授粉，增产效果显著，中华蜜蜂和西方蜜蜂都可利用。荔枝花期要及时组织强群采蜜，生产王浆、造脾、育王。荔枝花缺粉，单纯的荔枝花场地若无其他辅助粉源应特别注意蜂群的繁殖，及时补喂花粉。

7. 龙眼

龙眼又称桂圆，无患子科常绿乔木，为亚热带栽培果树，春季主要蜜源植物（图3-8）。我国福建、广东、广西栽培最多，其次是台湾、四川。福建是龙眼的主产区，栽培面积和产量占全国第一位。

（1）泌蜜习性。龙眼喜土层深厚而肥沃、稍湿润的酸性土壤，喜阳光和温暖气候，年平均温度20~22℃为适宜。遇霜雪易受冻害，但比荔枝耐寒，耐旱力较强，生长迟缓。花芽分化和形成要求冬季有一段时间8~14℃的温度，气温18~20℃以上不利于花芽发育，所以冬季气温高，则来年花少泌蜜差。龙眼开花期为3月中旬至6月上旬，因品种、气候条件及长势等情况不同而有差异。开花期为海南岛3—4月，广东、广西4—5月，福建4月下旬至6月上旬，四川5月中旬至6

月上旬。花期长达30~45天，泌蜜期15~20天。龙眼开花要求较高的温度，13以下开花少，适宜温度为20~27℃，泌蜜适温24~26℃。龙眼是夜间泌蜜，晴天夜间暖和的南风天气，相对湿度70%~80%，泌蜜量最大。花期遇北风、西北风或西南风不泌蜜。龙眼开花泌蜜也有明显大小年现象，品种不同，大小年轻重程度也不同。大年气候正常，每群蜜蜂可采蜜15~25千克，丰年可达50千克。由于龙眼花期正值南方雨季，是高产而不稳产的主要蜜源。

龙眼蜜：浅琥珀色，气味芳香，具龙眼花的特殊花香气味，味道浓甜，结晶颗粒较细，结晶蜜呈暗乳白色，为上等蜜。

（2）蜂群管理。龙眼花期应调整群势，以取蜜和产浆为主，适当造脾。龙眼和荔枝一样蜜多粉少，进场前箱内必须有充足的贮存花粉，以免影响蜂群正常繁殖，造成群势下降。根据天气情况和蜜源情况适时转场。

图3-8　龙眼

8. 柑橘

柑橘属芸香科常绿乔木或灌木，是我国南方重要经济果树，也是春季主要蜜源之一（图3-9）。柑橘种类繁多，通常根据果型分为柑、橘、橙，在养蜂界通称柑橘蜜源。主要分布在我国秦岭、江淮流域及其以南地区。以四川、湖南、湖北、广东、广西、浙江、福建、江西栽培最多。

图3-9 柑橘

（1）泌蜜习性。柑橘花期因种类、品种、地区而不同，一般为4—5月。单株花期15天左右，泌蜜期约为10天，在同一果园群体花期20多天。柑橘开花顺序是枝顶先开，逐渐至下部或侧枝。开花多在夜间或上午，开花适温17℃左右，泌蜜适温25℃左右。初开花呈杯状，泌蜜多，花瓣展开时，泌蜜减少，花瓣卷曲时泌蜜停止，一朵花泌蜜3～5天。柑橘有大小年之分，大年开花好，泌蜜丰富，小年则差。柑橘花期如果是大年，雨水少，则开花泌蜜丰富，强群可取蜜10～30千克，如遇低温连雨天，则无蜜可收。

柑橘蜜：浅琥珀色，甘甜清香，具柑橘香味，但带有柑橘酸味，结晶粒细，油脂状，为上等蜂蜜。

（2）蜂群管理。抓好蜂群繁殖和王浆生产，加速弱群繁殖和培育蜂王。由于果农经常喷农药防治病虫害，容易损伤蜜蜂，要特别注意防止。花期要为下一蜜源培育适龄采集蜂。

9.棉花

棉花系锦葵科1年生栽培作物，有蜜源价值的有陆地棉和海岛棉（长绒棉）两种。陆地棉主产区分布在长江流域和黄河流域之间的地区，海岛棉主要集中分布于新疆（图3-10）。

（1）泌蜜习性。棉花7—9月开花，泌蜜盛期为7月上中旬至8月下旬，长达40～50天。

图3-10 棉花

棉花有4种蜜腺：苞外蜜腺、萼外蜜腺、萼内蜜腺和叶脉蜜腺。前三种称花内蜜腺，后一种称花外蜜腺。棉花开花泌蜜受气候、土壤、栽培技术、品种等因素的影响。棉花是喜温作物，泌蜜适温为35～38℃，在气温高、日照长、温差大的情况下泌蜜多，如吐鲁番种植的长绒棉，常年单产蜂蜜在100～150千克。

棉花蜜：琥珀色，香味较淡，味道甜略带涩，易结晶，颗粒粗，质地硬，不宜作蜂群越冬饲料。

（2）蜂群管理。陆地棉场地常打农药，要注意与当地棉农联系，尽量减少蜂群损失。选择棉花蜜源场地时，要了解当地辅助蜜源情况。附近若有玉米开花，芝麻开花更好，可以繁殖蜂群，避免采完棉花蜜源后蜂群数量大幅度下降，影响下一个蜜源场地的采集能力。

10. 向日葵

别名葵花、转日莲、向阳花，菊科栽培油料作物，主要分布于东北、西北和华北，是秋季主要大面积蜜源植物（图3-11）。

（1）泌蜜习性。花期7月中旬至8月中旬，主要泌蜜期20多天。但因向日葵品种不同，开花时间也有差异。向日葵泌蜜时温度要求不严，18～30℃情况下均可良好泌蜜。然而向日葵从现蕾到花期结束对水的需要量很大，占全生育期需水量的60%以上，故在花期每隔几天下场雨的情况下，对泌蜜有好处。若在花期干旱少雨，向日葵花泌蜜很少或停止泌蜜，仅能为蜂群提供一些花粉。向日葵是秋季主要蜜粉源植物，每群蜂正常年景可取蜜20～30千克，高的可达50千克左右。

向日葵蜜：蜜呈琥珀色，气味浓香，质地浓稠，味道甜，易结晶，色淡黄。

（2）蜂群管理。采葵花必须有大量适龄采集蜂才能获得丰收，适龄采集蜂主要在椴树花期完成，入场后调整群势，有利于王浆生产和采蜜。向日葵花蜜粉充足，但蜜腺深，采集蜂劳动强度大，后期群势下降快，易发生盗蜂，流蜜后期紧缩巢门，及时转场。

（3）葵花期的盗蜂。盗蜂持续时间长。正常情况下，盗蜂发生于外界蜜粉源缺乏或无蜜源期，向日葵盛花期也容易出现盗蜂，向日葵花期快结束时更要时刻防备盗蜂。盗蜂严重，整个蜂场呈无序状态，蜂群失去正常秩序后，影响对幼虫哺育，子脾面积减少，群势下降严重。因此在向日葵花期，多数转地蜂场尽早转场。由于蜜蜂为向日葵授粉增产效果显著，近年来，大面积的向日葵种植单位开始租蜂授粉，将来可能成为发展趋势。

图3-11 向日葵（王星摄）

11. 荞麦

别名三角麦、花麦、莜麦，蓼科1年生栽培作物。荞麦在我国栽培历史悠久，主要分布在我国华北、西北、西南及内蒙古，其次为华东、东北，多种植在贫瘠土壤（图3-12）。

（1）泌蜜习性。荞麦花为无限花序，由茎下部逐渐开至顶端。开花后7~10天进入泌蜜盛期。荞麦属两型花，蜜腺着生在雄蕊之间，有7~13个蜜孔，有单个蜜腺，也有复

图3-12 荞麦

合蜜腺，花蜜裸露，泌蜜很涌，不论西方蜜蜂或中华蜜蜂都可以采到大量蜂蜜。在正常的自然环境下，泌蜜为20天以上，气温下降至13~14℃，则停止泌蜜。荞麦生长在沙质土壤或碱性较轻的土壤，生长良好，泌蜜量多。荞麦为我国秋季主要蜜源，花期长，泌蜜量大，花粉充足，有利于繁殖越冬蜂。荞麦花期除留足越冬饲料蜜外，每群还能取到20~50千克商品蜜。

荞麦蜜：深琥珀色，荞麦花香气味，味道特殊，具刺激味，容易结晶，晶体粗大，销售受影响。曾被列为等外蜜，但营养价值并不差。

（2）蜂群管理。进场前应培育足够采集蜂，以强群夺高产。同时注意繁殖适龄越冬蜂，防止群势下降，为蜂群安全越冬和来年春繁打好基础。荞麦花期最易发生盗蜂，不论取蜜或检查蜂群，动作宜迅速，预防蜂群起盗。应留足足够的

饲料蜜，狠抓治螨。

12. 老瓜头

它又称牛心朴子，萝藦科多年生直立半灌木，为西北地区荒漠和荒漠草原地带天然生长野生植物，是夏季重要蜜源植物（图3-13）。主要分布于库布齐、毛乌素两大沙漠边缘，集中分布于宁夏盐池、宁武、陕西榆林地区古长城以北及内蒙古鄂尔多斯。

图3-13 老瓜头

（1）泌蜜习性。老瓜头一般5月中旬始花，7月下旬终花，6月为泌蜜高峰期。老瓜头对温度要求高，泌蜜适温为25～35℃。开花期如遇多阴雨天造成气温低，泌蜜减少，下一次透雨，2～3天不泌蜜。花期间隔7～10天下一次雨为丰收年。如果持续干旱，开花前期泌蜜多，花期结束早。老瓜头生育期下几场透雨，长势旺盛，为大流蜜创造良好条件。

老瓜头蜜：老瓜头蜂蜜呈浅琥珀色，浓度高，略有饴糖味并稍感涩口，结晶乳白色。

（2）蜂群管理。要取得高产，必须强群生产。老瓜头场地常缺乏充足花粉，要及时补充饲喂花粉或代用花粉，以免造成采完老瓜头蜜源，蜂群大量下降，影响下一个蜜源场地的蜂蜜产量。场地要注意蜂群供水。发现蜜源减少、工作蜂显著下降、蜜蜂中毒等情况要及时转场。

13. 密花香薷

它又称萼果香薷，唇形科多年生草本植物，是香薷属蜜源中较重要的一种，香薷属还包括野拨子、香薷（山苏子）、野草香等蜜源植物。密花香薷具有养蜂生产价值的分布区主要有宁夏南部山区、青海东部、甘肃的河西走廊以及新疆的天山北坡，分布面积大而集中，已成为当地秋季主要蜜源。

（1）泌蜜习性。花期7月上中旬至9月上中旬。平地田野比山上先开花，边开花边结籽。泌蜜盛期在7月中旬至8月中旬。泌蜜适温为20～22℃，湿度为60%～70%。10—15时泌蜜最多，蜜蜂采集最为活跃。每群蜂花期可采商品蜜

20～30千克，丰年可达50千克以上。
花前雨水充足，土壤保持湿润，多晴
天，则泌蜜量大，花前雨水多、阴雨
低温则泌蜜少或不泌蜜。干旱年份适
宜在阴湿地放蜂，雨水多的年份最好
到较干旱的山坡地放蜂。

蜜浅琥珀色，结晶乳白色，颗粒
较细，味芳香。

（2）蜂群管理。选择避风向阳

图3-14　密花香薷

场地，注意蜂群保温，开花前中期以采蜜、产浆、花粉为主，中后期以繁殖越冬
蜂为主，防治蜂螨、防止盗蜂。

14. 白刺花

它又称狼牙刺、苦刺，豆科丛生小灌木，
夏季主要蜜源（图3-15）。白刺花分布于西
北、华北、西南。其中秦岭山区大量分布，成
为全国主要蜜源场地。

（1）泌蜜习性。白刺花5月中旬至6月上
旬开花，大泌蜜期20天左右。白刺花是耐旱树
种，常丛生于灌木丛中，春季干旱或孕蕾期受
霜冻，常会造成当年不泌蜜或泌蜜很少。在湿
热天气时泌蜜较涌，泌蜜适温在24℃以上，大
泌蜜期整天可泌蜜，10—14时泌蜜量最大。泌
蜜期遇大风时，停止泌蜜，但天气转晴后，又

图3-15　白刺花

能恢复泌蜜。夜间下雨，白天转晴时，泌蜜量最大，常年每群产蜜30千克左右。

白刺花蜜：浅琥珀色，结晶细腻，味芳香，为一等蜜。

（2）蜂群管理。前期花粉丰富，繁殖和生产王浆都很好。后期由于有毒蜜
源植物花粉的作用引起蜜蜂中毒，造成蜂群下降。因此，白刺蜜源后期应及时转
场，以免引起蜜蜂中毒。

15. 胡枝子

别名苕条、杏条，豆科落叶小灌木（图3-16）。胡枝子喜生于半山区阔叶林

内或林边缘，荒地荒坡，撂荒地，山崴等地，常与榛柴等灌丛掺杂丛生，东北、西北、华北等地均有分布。

图3-16 胡枝子

（1）泌蜜习性。胡枝子在东北与西北地区约7月下旬开花，至9月上旬结束，花期40天左右，其中8月5日至20日为泌蜜盛期。胡枝子泌蜜属于高温型，泌蜜适温25～30℃，在天气晴朗、温度较高、湿度较大的条件下泌蜜多，反之泌蜜少。胡枝子为阳性树种，生长在向阳坡、向阳崴子、火烧迹地、日照充足、土质肥沃的地方泌蜜涌。当年萌发的枝条泌蜜少，2～3年生的蜜多。有的年份因虫害、花期连雨低温而减产。在胡枝子花期，一般年份群产蜜15～25千克，丰收年50～60千克。胡枝子蜜源不稳产，有的年份蜂群采不够越冬饲料还要补饲。

胡枝子蜜：琥珀色，气味清香，结晶慢，结晶洁白细腻如脂。

花粉黄红色，花粉质量好，是春秋季繁殖蜂群的优良花粉之一。

（2）蜂群管理。最好选择周围有荒山、水旱甸子及耕地，其他辅助蜜源植物丰富的放蜂场地。胡枝子为秋季主要蜜源，对秋蜜生产、生产王浆有重要价值。除了搞好蜂产品生产，还应及时更换老劣蜂王，繁殖越冬蜂，储备越冬饲料。

16.党参

别名台参、仙草根，桔梗科多年生缠绕草本植物，为著名的药用蜜源植物（图3-17）。栽培面积大并形成重要蜜源场地的有甘肃、陕西、山西和宁夏。

（1）泌蜜习性。党参花期从7月下旬至9月中旬，长达50天。党参以三年生泌蜜最好，但泌蜜不稳定。党参为总状花序，党参花零散于缠绕的枝条当中，中蜂个体小而灵活，故更适于采集党参蜜源。影响泌蜜的主要因素有春季雨水和花蕾期的气温，最忌春旱及霜冻。在气温20℃以上，相对湿度大于70%以上时即可泌蜜，多集中于10—15时。由于党参花期长，泌蜜涌，常年每群蜂可取蜜30～40

千克，丰年可达50千克。党参蜜琥珀色，浓稠，久不结晶，为调配王浆蜜的理想原料。

党参蜜：果糖含量高，甜度大，微量元素含量高，并具有党参药用功能，为理想的商品蜜蜂，深受消费者欢迎。

（2）蜂群管理。党参花期长、泌蜜涌、花粉较多，党参花期可同时取蜜、脱粉、取浆。宜将蜂群组成主副群形式，主群采蜜，副群繁殖，并不断将副群子脾带幼蜂补入主群，以保持主群优势。党参花期长，蜜质纯，可连续生产巢蜜。

图3-17　党参（引自张彦文）

17. 枸杞

别名茨、红果，茄科栽培落叶灌木。枸杞亦是泌蜜较好的夏季蜜植物（图3-18）。主要分布于我国西北各省区，以甘肃、陕西、山西、宁夏回族自治区（以下简称宁夏）种植较多，近年河北省枸杞栽培面积也在不断扩大。中宁枸杞为驰名中外的中药材，已有200多年栽培历史。

（1）泌蜜习性。枸杞5月中旬始花，边开花边结果边采收，终花8月下旬，花期长达3个多月。枸杞刚开花花粉多，粉黄色。6月中旬，日平均气温达到19℃以上，进入大泌蜜期，持续一个月左右。7月中旬后，枸杞结果数量增多，营养消耗较多，泌蜜逐渐减少。通风透光好、轻度盐碱土、土质疏松肥沃、管理精细的枸杞园泌蜜较多。一般年份每

图3-18　枸杞（引自张彦文）

群蜂可取枸杞蜜5～10千克。

枸杞蜜：白色、清香浓郁，因含枸杞成分，很受消费者欢迎。

（2）蜂群管理。由于枸杞枝叶娇嫩，遇持续干旱炎热年份，病虫害较多，要慎重喷施农药，以免影响蜜蜂采集。花期雨水均匀，花期前喷药控制病虫害蔓延，可以放蜂采蜜。场地周围其他蜜源植物丰富，一般很少发生蜜蜂大量中毒死亡现象。枸杞园喷药当天最好关闭巢门。

18. 枣树

别名红枣、大枣，鼠李科的栽培果树，落叶乔木。除东北、西北以及西藏高原等严寒地区外，其他省区都有栽培，以河南、山东、河北等省栽培较多，其次是山西、陕西、甘肃，江苏、浙江、宁夏、新疆维吾尔自治区（以下简称新疆）、北京、天津都有栽培。

图3-19　枣花（王星摄）

（1）泌蜜习性。枣树是适应性较强的树种，耐寒耐热，耐旱耐涝。枣树5月下旬或6月上旬开花，花期25～30天。通常在气温20～22℃时开花。开花顺序由基部往上递次开放。通常枣花在中午前后花蕾开始破裂，在下午2时左右全部开放。枣花的花盘上有明显蜜腺，一经开放就开始泌蜜，但当天蜜汁不多。第2天日出后蜜汁迅速增多，堆积在花盘上呈珠状，有的几乎往下滴，花盘逐渐变成淡黄色。第3天后蜜汁消逝或干枯结晶在花盘上，泌蜜盛期20天左右。花期如遇风天，只要温度适宜仍能正常泌蜜。初开的花尚未泌蜜或刚开始泌蜜的花朵，雨后天晴仍能正常泌蜜，但泌蜜时间缩短。群产蜜一般10～30千克。

枣花蜜：质地浓厚，呈琥珀色或深色，质地黏稠，有特殊的浓郁气味（枣花香味），甜度大，略感辣喉，回味重。不易结晶，结晶粒粗。

（2）蜂群管理。枣树是主要蜜源，泌蜜丰富，然而花粉少，因此不利于蜂群繁殖和生产王浆。枣花期为达到生产蜂产品和繁殖蜂群两不误，必须选择附近有其他粉源植物的场地或人工补饲花粉。枣花蜜中含有生物碱，蜜蜂采集后能引起不同程度的中毒，蜜蜂在地上爬行，发生"枣花病"，特别在天气干燥、花蜜浓稠的条件下更为严重。而在地下水位高，空气湿度大的条件下，伤蜂较轻。枣花期应十分注意蜂群的防暑降温措施，蜂群摆放在自然遮阳的地方，蜂箱周围洒水或将冷水浸泡的草帘盖在纱盖上。如果天气特别旱，最好在蜂箱内添加水脾。

19. 芝麻

它又称脂麻，胡麻科栽培油料作物，主要蜜源植物（图3-20）。全国几乎各省区都有种植，主要栽培区在黄河及长江中下游，河南最多，湖北次之，其余为安徽、江西、河北、山东、四川、江苏等省。

图3-20 芝麻（王星摄）

（1）泌蜜习性。芝麻开花早的为6—7月，晚的则于7—8月开花，花期长达30余天。芝麻开花顺序是主茎先开，分枝后开，从上而下逐渐开放。每个叶腋3个花朵中间一朵先开，每天以上午6—8时开花最盛，约占全天开花总数的90%左右，10时后逐渐减少。上午泌蜜最多。在25～28℃泌蜜最为丰富，超过30℃泌蜜减少。土质疏松、排水优良、有机质含量丰富的沙质土壤上泌蜜多。排水不良或容易板结的土壤上泌蜜均较少或不泌蜜。芝麻生长季大部分地区气候炎热，高温少雨，如能间隔下几场小雨，则能提高花蜜分泌。芝麻生育期较短，需肥量大，特别在磷、钾肥充足的条件下，花朵多，泌蜜丰富。芝麻集中种植地常年每群可产蜜5～15千克。芝麻和棉花同时开花，可弥补棉花期蜂群的花粉不足，有利于蜂群正常繁殖。

芝麻蜜：浅琥珀色，气息淡香，味甜而微酸，结晶后呈乳白或浅黄色。

（2）蜂群管理。芝麻花期，气候炎热，大雨季节。应注意蜂群遮阳，蜂箱盖上加盖油毡或塑料防雨。保持蜂脾相称，预防"卷翅病"。芝麻花期由于天气炎热，脾多于蜂的蜂群调节巢内的温湿度能力差，蜂多脾少的蜂群易发生通风不良，巢内闷热，容易出现蜂不"护子"的现象，这样会使一些工蜂发育受影响，在出房试飞时不能正常飞行，在巢门口乱爬，其翅膀比健康蜂的薄。因此，管理上要随时调整巢脾，注意通风。

20. 柴荆芥

别名臭荆芥、野荆芥，唇形科半灌木（图3-21）。主要分布于华北、西北、华东各地山区。多生长在海拔700～1 600米处的山坡、河滩、溪边等地。柴荆芥在河北省承德地区生长集中。

（1）泌蜜习性。柴荆芥在河北北部8月初开花，山西省东南部8月下旬开花。柴荆芥从始花到盛花期需15～20天，初花期无蜜，进入盛花期才泌蜜，也就是花序中部的花朵泌蜜。干旱对柴荆芥泌蜜有一定影响。柴荆芥多生长在山坡上，山坡一般土层薄，雨水流失快，土层蓄水少，

图3-21　柴荆芥

很容易干旱缺水，导致摄取营养不足，减少或停止泌蜜。柴荆芥比较耐寒，甚至轻霜后，还能分泌花蜜。温差大小与柴荆芥泌蜜多少有直接关系，温差在15℃左右时柴荆芥泌蜜丰富，温差在10℃时泌蜜一般，温差不足8℃时一般不分泌花蜜。在丰收年，每群蜂可产商品蜜50千克，一般年份10～20千克，歉收年收不到商品蜜。在花的前中期，可生产王浆。

柴荆芥：蜜白色，有香味。

（2）蜂群管理。柴荆芥是华北、西北地区本年度后期蜜粉源植物。由于花粉充足，对繁殖越冬蜂，保持强群越冬，大为有利。取柴荆芥蜜不要"一扫光"，要隔脾取蜜，以防突降酷霜，停止泌蜜，反而再喂越冬饲料。柴荆芥蜜源结束后，迅速将蜂群南下繁殖。柴荆芥花期结束，蜂群内子脾一般已全部出房，是治螨有利时机。

21. 直齿荆芥

别名蜜蜂花、山薄荷，唇形科多年生草本植物（图3-22）。分布于新疆伊犁、阿尔泰地区，生于林下草地、谷地水边或山间盆地，海拔1 600～1 850米处。

（1）泌蜜习性。直齿荆芥一般7—9月开花泌蜜，新疆伊犁山区7月中旬至8月中旬进入大泌蜜期。泌蜜多少主要与当地雨水和植株生长情况有关，如果花

前多雨，植株生长良好，泌蜜多，反之则少，花期阴雨影响泌蜜。直齿荆芥是新疆主要蜜源之一，尤其伊犁山区面积大，分布广，群产蜜可达30～50千克。

蜂蜜浅琥珀色，质地浓厚，气味芳香。

（2）蜂群管理。直齿荆芥花期气温高，群势强，泌蜜多而猛，蜂群管理的中心是解决产卵和贮蜜的矛盾，防止分蜂热，延续群势，争取蜂蜜、王浆、花粉三丰收。

22. 乌桕

大戟科落叶乔木，夏季主要蜜源植物（图3-23）。主要分布长江流域及其以南地区，如浙江、江西、福建、湖南、广东、广西、四川、贵州等省区分布较多。

（1）泌蜜习性。乌桕喜欢温暖、湿润气候及肥沃、深厚的土壤，适生于年平均温度16～19℃，年降水量1 000～1 500毫米的地区。乌桕开花特性因品种和地域而不同。福建6—7月开花，江西5月下旬至6月下旬，湖南6—7月，广东、广西5—6月，四川5—7月，贵州5—6月。乌桕花序稠密，花朵数多。雄花粉多于蜜，雌花蜜多，雌雄花交错开放，蜜粉都很丰富。乌桕泌蜜适温为25～32℃，以30℃、

图3-22　直齿荆芥

图3-23　乌桕

相对湿度70%以上泌蜜最好，高于35℃泌蜜量减少。阴天气温低于20℃时停止泌蜜。9—18时泌蜜，中午1—3时泌蜜量最大。乌桕花期夜雨日晴、温高湿润则泌蜜量大。阵雨后转晴，温度高，泌蜜仍好。常年每群蜂单产蜂蜜20～40千克。乌桕花期正值江南梅雨季节，湿度大，蜜含水量高。与乌桕同属的山乌桕也是南方

丘陵山区的重要野生蜜源，夏季开花，泌蜜丰富，花期每群可取蜜30千克左右。

乌桕蜜：琥珀色，味甜而微酸，回味较重，润喉较差，结晶颗粒较粗，暗乳白色，大多作饲料蜜或调制中药丸剂用。

（2）蜂群管理。乌桕蜜粉丰富，对南方蜂群越夏、取蜜、产浆均具有重要意义。将蜂箱置于树荫下，蜂箱盖上覆盖草帘，做好防暑措施。注意通风，防止蟾蜍危害，捕打胡蜂，抓紧取蜜、生产王浆。留足足够的饲料蜜，造脾，培育蜂王，扩大蜂群和分蜂，为下个花期培育适龄蜂。

23. 鹅掌柴

它又称八叶五加、鸭脚木，五加科常绿乔木或灌木，华南地区冬季优良蜜源植物（图3-24）。鹅掌柴主要分布于我国福建、台湾、广东、广西、云南南部、贵州、江西、浙江、湖北、湖南、四川等省区的热带、亚热带山区。喜阳光和温暖湿润的气候及土层深厚的酸性土壤，常生于海拔2 100米以下的次生常绿阔叶林中、林缘、山坡、山脚等处。

图3-24 鹅掌柴

（1）泌蜜习性。鹅掌柴花淡黄白色，开花期10月至翌年1月。个体开花通常分3期，第1期花泌蜜少，花粉多。第2期开花泌蜜多，花粉丰富，最有生产价值。第3期开花泌蜜量少，花粉也少。鹅掌柴在有阳光的晴朗天气。气温11℃以上开始泌蜜，泌蜜适温为18～22℃，中午气温高，相对湿度60%～80%泌蜜量最多，11—15时泌蜜最涌。气温25℃以上，相对湿度低于40%时，泌蜜量少且稠，蜜蜂不易采集。同一地区由于海拔高低、阳坡阴坡、树冠不同部位等因素，花期长达60～70天。鹅掌柴花朵数量多，泌蜜期长，泌蜜量大，花粉充足，对采蜜和繁殖蜂群均有利。因为是山区蜜源，主要是中华蜜蜂采集，常年一群4～5足框群势的中华蜜蜂可采蜜10～20千克，丰年高达25千克以上。

鹅掌柴蜜：浅琥珀色，味微苦，浓度越高苦味越重，贮放日久而减轻，浓度高可存放多年不变质，易结晶，颗粒细，乳白色，内销出口都受欢迎。

（2）蜂群管理。鹅掌柴花期，中华蜜蜂提前进山繁殖，培育适龄采集蜂。

选择背风向阳场地，加强保温，注意繁殖，后期留足饲料。冬季气温低，常遇寒潮，西方蜜蜂适应性差，利用较少，若进山采集应注意适时转场，以防群势下降。

24. 枇杷

别名卢桔，蔷薇科常绿小乔木，栽培果树（图3-25）。主要分布在长江以南各省区，浙江、福建、江苏、安徽、湖北等地面积最大且集中，我国台湾、广东、湖南、江西、重庆、四川、陕西、广西、云南、贵州均有栽培。枇杷喜阳光充足，气候温暖湿润，排水良好，土层深厚富含腐殖质的中性或微酸性土壤。

图3-25　枇杷（王星摄）

（1）泌蜜习性。枇杷花序大小差异大，小的30～40朵花，大的200～300朵花。开花顺序因花序状态不同而异。安徽、江苏、浙江头花在10—11月，二花11—12月，三花1—2月，福建11月到翌年1月。主要花期长为30～35天。气温11℃以上开花，13～15℃开花最多，10℃以下花期延长，15～16℃开始泌蜜，泌蜜适温18～22℃。相对湿度60%～70%。白天南风天气泌蜜最多，蜜蜂采集活动主要在中午前后。刮北风或西北风，寒潮低温不泌蜜。枇杷开花泌蜜有大小年现象，但土壤肥沃、土层深厚、合理修剪、疏果、施肥和灌溉等农业技术管理措施好的果园，则大小年不明显。品种不同，大小年轻重程度也不同。枇杷是重要的冬季蜜源植物，常年每群蜜蜂可采蜜5～10千克。

枇杷蜜：浅琥珀色，有浓郁枇杷香味，易结晶，结晶颗粒较粗，为上等蜂蜜。

（2）蜂群管理。枇杷花期正值冬季低温时期，选择场地要向阳背风。调整蜂群，彻底治螨，合并弱群，培育新蜂王，更换老劣蜂王，培育越冬蜂，贮存粉脾和蜜脾。适时断子，紧缩巢门，蜂箱纱盖覆盖草帘，做好防冻保暖工作，防止盗蜂。

25. 柃

它又称野桂花、山桂，山茶科常绿灌木或小乔木，华南冬季主要蜜源植物（图3-26）。长江流域及其以南省份都有分布，主要分布在福建、江西、湖南、广东、广西、贵州和四川等省。

（1）泌蜜习性。每种柃的花期一般都比较短，只有10天左右，在同一个地区由于生长的小环境不同，其开花期也不一样。由于同一个地区生长着多种的柃，这样花期交错，整个花期就显得特别长，因而常有柃花期从10月下旬直到翌年3月。柃为低温泌蜜型植物。柃开花泌蜜对外界变化反应不太敏感，在天气晴朗、气温高时，能大量泌蜜；在阴天甚至下小雨时，只要气温15℃以上时，也能分泌较多的花蜜。由于柃的花冠方向不朝上，雨水不易把花蜜冲刷掉，因此中华蜜蜂在下小雨时仍能积极采集柃花。柃在大泌蜜期，花朵整天都能泌蜜，花期晴天多，风小，丰收不成问题。柃的种类很多，我国常见有格药柃、短柱柃、细枝柃、翅柃、黑柃、米碎花、微毛柃、细齿叶柃、大果毛柃、窄基红褐柃等10余钟。柃泌蜜量大，花粉充足，没有明显大小年，不论冬季和早春都是繁殖蜂群的好蜜源。一般年份取蜜10～20千克，高的达40千克以上。

野桂花蜜：浓度高，水白色，透明，具有野桂花清香味，不易结晶，结晶洁白，颗粒细，为非常优良的上等蜜，堪称中国"蜂蜜之冠"，不论内销或出口都受欢迎。

（2）蜂群管理。选择地形复杂、柃种类和数量多样、局部小气候环境好的场地，蜂群摆放在北风向阳处，加强保温，以取蜜为主，兼顾繁殖，后期留足饲料。冬季气温低，西方蜜蜂难以利用柃属植物，若进山采集应注意及早退出场地，以防群势下降。

格药柃（雄花）　　　　　　　格药柃（雌花）

图3-26　柃

三、我国主要放蜂路线

放蜂路线，就是全年蜂群繁殖、生产所经过的各放蜂场地的路线。我国蜂群转地饲养蜂群长途放蜂路线较多，其中蜜蜂流量最多的长途放蜂路线干线主要有东线、中线、西线三条。

1. 东线

在元旦前后，北方的蜂群到福建、广东等地繁殖，2月底至3月初北上江西、安徽采油菜、紫云英蜜。3月下旬、4月上旬，大多数蜂场再到浙北、苏南、苏东和皖北等地采油菜、紫云英蜜。4月底在苏北、鲁南等地采刺槐紫，有的到河北采刺槐蜜，也有于5月中、6月初出山海关到辽宁等地采刺槐蜜或山花蜜进行繁殖。然后到黑龙江、吉林等地，投入7月的椴树花期生产。也有部分蜂场在北京、辽宁采荆条蜜，黑龙江采油菜蜜或山花蜜；还有个别蜂场留在山东、河北采完6月的枣花后再采当地的荆条蜜，或直接去上述地点，先利用山花繁殖，恢复和发展群势，再采椴树或山花蜜。8月底9月初上述蜜源结束，多数蜂场随即南返采蜜、繁殖。也有少数蜂场留在北方越冬，直到12月再南下繁殖。

2. 中线

蜂群在12月或翌年1月初，到广东、广西利用油菜繁殖，3月上中旬沿京广线附近北上，到湖南、湖北采油菜、紫云英。结束后，个别蜂场再去采刺槐蜜，6月到河南新郑一带采枣花蜜。6月底、7月初去北京、辽宁、山西中部等地采荆条蜜，或去山西北部采草木樨蜜，也有去内蒙古、山西大同采油菜、百里香，紧接当地或附近的荞麦蜜。8月底荞麦结束后，可采取东线的方式就地越半冬或南运休整。

3. 西线

蜂群于12月到云南、广西、广东等地，利用油菜繁殖复壮，于翌年2月下旬至3月上旬到重庆、成都一带采油菜蜜。4月运汉中盆地或甘肃境内采油菜蜜。5月后采狼牙刺、刺槐、苜蓿草、山花蜜。7月进入青海省采油菜蜜，或进新疆吐鲁番采棉花蜜。8月到甘肃张掖、山丹，宁夏盐池，陕北定边，内蒙古包头等地采荞麦或就近在祁连山脚采香薷蜜。结束后，个别蜂场南运四川、云南采野坝子等蜜源，大部分蜂场和东线一样南运休整。还有部分蜂场1—2月份直接到四川繁殖，就地采油菜、苕子、紫云英蜜。4月起加入西线流动路线。

除上述3条基本的路线外，东西穿插，互相交错的放蜂路线也不少。

第四章 蜂机具

一、蜂箱

蜂箱是供蜜蜂繁衍生息和生产蜂产品的基本用具。蜂箱是蜂具的三大发明之一，与其后发明的巢础机和分蜜机配合应用，结束了数千年的毁巢取蜜的生产方式，奠定了新法养蜂的基础，使养蜂生产出现了巨大的飞跃。

朗氏蜂箱

1851年，美国费城的杰出养蜂家朗斯特罗什确定了"蜂路"，解决了巢脾粘连的问题，从而设计制造了第一个实用的活动巢框蜂箱。10年后，朗氏蜂箱普及全美，以后又传入欧洲。

活动巢框，人工巢础，离心式蜂蜜分离机，这些发明为现代养蜂业的发展奠定了基础。

制造蜂箱应选用坚实、质轻、不易变形的木材，而且要充分干燥。北方以红松、白松为宜，南方以杉木为宜。十框蜂箱是目前国内外养蜂业使用最为普遍的蜂箱。由箱盖、副盖、巢箱、继箱、箱底、巢门、巢框、隔板和闸板等组成。

蜂路指巢脾与巢脾、箱壁与巢脾之间的距离。蜂路过大易造赘脾，过小则易压伤蜜蜂或影响通行。一般认为，意大利蜂单行蜂路宽度为6～8毫米，双行道蜂路宽度为10毫米。

前后蜂路：前后箱壁至巢框两侧条间的蜂路均为8毫米，巢框前后各有2毫米灵活余地，这样保持在6～10毫米。

框间蜂路：巢框两上梁间蜂路也是8～10毫米。

上蜂路：副盖距上梁面的蜂路为6毫米。

下蜂路：巢框下梁与蜂箱底板之间的蜂路，其距离应为16～19毫米。

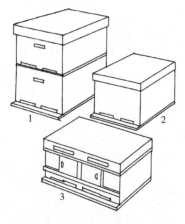

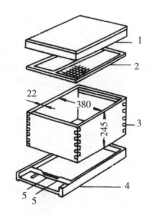

1.十框标准箱　2.中蜂标准箱
3.十六框卧式蜂箱

图4-1　三种蜂箱

1.箱盖　2.副盖　3.箱身
4.箱底　5.巢门

图4-2　十框标准箱的结构

1. 朗氏十框蜂箱

目前使用的朗氏十框蜂箱，其巢脾中心距为35毫米，框间蜂路、上蜂路和前后蜂路均为8毫米，继箱下蜂路为6毫米，巢箱下蜂路为25毫米左右。固定底朗氏十框蜂箱各个部件的形状、结构和大小如图所示（图4-3）。

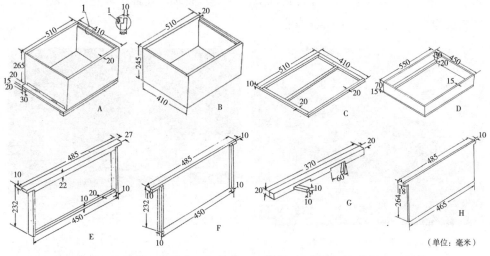

（单位：毫米）

A.巢箱　B.继箱　C.副盖　D.箱盖　E.巢框　F.隔板　G.巢门　H.闸板

图4-3　朗氏十框蜂箱

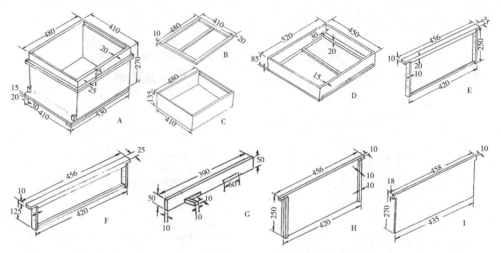

A.底箱　B.纱盖　C.继箱　D.箱盖　E.底箱巢框　F.继箱巢框　G.巢门板　H.隔板　I.闸板

图4-4　中蜂十框蜂箱

　　朗斯特罗什（Lorenzo Lorraine Langstroth，1810—1895）美国著名养蜂家，活框蜂箱的发明者。首次提出了"蜂路"的概念，制作了带活动巢框的朗氏蜂箱，现在仍是全世界使用最多的蜂箱。现在虽然材质有所改变（图4-6），但规格仍是沿用了朗氏蜂箱的规格。这一发明对世界养蜂业的发展产生了巨大影响，曾是《美国蜜蜂杂志》和《养蜂集锦》的主要撰稿人，其著作《蜂箱与蜜蜂》陆续再版至今，被誉为"美国养蜂业之父"。

图4-5　朗氏蜂箱（王星摄）

图4-6　全塑蜂箱（王星摄）

2. 中蜂十框蜂箱

　　中蜂十框蜂箱由底箱、继箱、巢框、箱盖、纱副盖、木副盖、隔板、闸板和巢门板等部件构成（图4-4）。中华蜜蜂十框蜂箱的巢脾中心距为32毫米，框间蜂路为8毫米，前后蜂路为10毫米，上蜂路为8毫米，巢箱下蜂路为20毫米。

采用这种蜂箱，早春可双群同箱饲养，加速蜂群繁殖和维持强大群势，至采蜜期可采用单王，集中力量采蜜。取蜜采用浅继箱，可利用蜜蜂向上贮蜜的习性，生产优质分离蜜和巢蜜。在蜂群繁殖方面，中蜂十框蜂箱双群同箱饲养在早春蜂群繁殖速度比用朗氏蜂箱快，但到春季繁殖中期以后，中蜂十框蜂箱蜂群的繁殖受箱体空间过小的限制，繁殖速度变慢，并且较早出现分蜂热，无法维持大群，其群势发展不如朗氏蜂箱的快；在产蜜方面，中蜂十框蜂箱采用浅继箱采蜜，生产的蜂蜜质量比朗氏箱的好。但仅取继箱上面的蜂蜜时，其产蜜量不如朗氏蜂箱的高产。而当中蜂十框蜂箱的底箱也一起取蜜时，其产蜜量与朗氏蜂箱的无大差异。在使用方面，中蜂十框蜂箱采用继箱取蜜，可充分利用蜜蜂向上贮留的习性生产纯净的分离蜜和利用中蜂产巢蜜，而且对实现现代化、机械化饲养中蜂具有重大的意义。但因采用了浅继箱的设计，其上、下箱内巢框规格不一，无法交换用，造成了蜂群管理上的不便和继箱巢框造脾的困难。

二、饲养、生产、管理用具

1. 巢础

用蜂蜡制作，经巢础机压印而成，是蜜蜂筑造巢脾的基础。供十框蜂箱使用的，规格为高200毫米，长425毫米，我国蜂具厂生产的以此种规格最多。

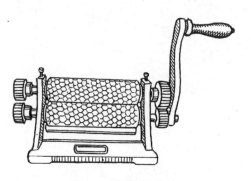

图4-7　手动巢础机

图4-8　电动巢础机

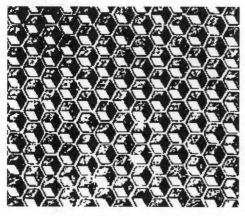

图4-9　巢础（局部）　　　　　图4-10　塑料巢础和装上巢础的巢框

2. 养蜂用具

包括面网、起刮刀、蜂扫、喷烟器、隔王板等。

1.蜂帽（带面网）；2.摇蜜机；3.喷烟器；4.蜂扫；5.起刮刀；6.隔王板

图4-11　常用蜂具（王星摄）

面网：采用黑色和纱网、尼龙网制成。网的下端能收紧，防止蜜蜂钻入。

起刮刀：用于撬动副盖、继箱、钉子、隔王板和巢脾等。还可刮除蜂胶、蜂蜡、清扫蜂箱，是蜂场必备的工具。

蜂扫：主要用来扫除巢脾上附着的蜜蜂的长毛刷。

隔王板：是控制蜂王产卵和活动范围的栅板，工蜂可自由通过。平面隔王板是把育虫巢和贮蜜继箱分隔开，便于取蜜和提高蜂蜜质量。框式隔王板可把蜂王控制在几个脾上产卵。

喷烟器：往蜂群中喷烟避免蜜蜂光骚动，检查蜂群时会顺利迅速。采收蜂蜜时，喷烟镇服蜜蜂，减少被螫。

饲喂器：是用无毒塑料制成的一种可装贮液体饲料（糖浆或蜂蜜）及水供饲喂蜂群时用的工具。

割蜜盖刀：是取蜜时用以切除蜜脾两面封盖蜡的手持刀具。简称割蜜刀。

摇蜜机：目前，我国常用的摇蜜机是两框换面式分蜜机，适合小型的转地蜂场。借助离心力作用，分离出蜂蜜。

产浆框：长、高尺寸与巢框相同，框架内置王台条3～5条，每条王台条上可有20～34个塑料王台。目前有单条、双条两种型号。

移虫针：是移虫育王和蜂王浆生产中用来移取幼虫的工具。

脱粉器：把大部分的花粉团从蜜蜂的后腿上的花粉筐中取下来，脱落在集粉盒中。

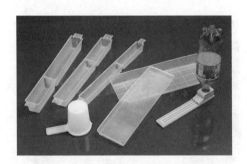
图4-12 塑料饲喂器 巢门喂水器

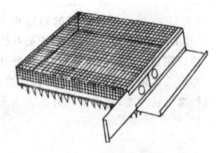
图4-13 蜂王诱入器

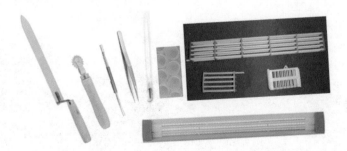
割蜜刀 齿轮轮埋线器 移虫针 镊子 取浆笔 王浆条（局部）王笼 巢门脱粉器

图4-14 常用蜂具（王星摄）

图4-15　蜂箱连接器　　　　　　　　图4-16　蜂箱捆绑带

蜂箱连接器：用于连接巢箱与继箱，有弹簧连接器、扣式连接器及跳绳连接器。

蜂箱捆绑带：用于转运蜂群时捆绑蜂箱，迅速便捷。

太阳能电池：将太阳能转化为电能，可以用于照明，供电。

夹虫机：取浆时专门用于取幼虫。

取浆机：有手动、电动两种模式，专门用于挖取蜂王浆。

帐篷：可拆卸，养蜂员食宿。

图4-17　夹虫机　　　　　　　　　　图4-18　取浆机

图4-19　养蜂太阳能电池与养蜂车　　图4-20　蜂群及帐篷

三、养蜂车

养蜂车是一种具有可供流动放蜂时饲养蜜蜂的养蜂车箱、生活办公用房及生产蜂产品的养蜂机具的专用汽车。车箱两侧为多层框架。两侧蜂箱之间的空间为工作场所，在车箱上完成蜂产品采集工作。车箱前部设置独立的生活空间，用户可以在这里安装卫星电视、太阳能发电装置、冰箱等现代化设施，缓解枯燥的野外生活，提高生活质量。在车箱下部还设置了储存箱，方便收纳各种生产、生活用具，非常适合养蜂专业户在野外使用。

图4-21 五征养蜂车

五征集团养蜂专用车（也称养蜂移动平台）现研制成功并获国家工信部批准，近期已小批量生产上市（图4-19），该养蜂专用车分四种车型。

养蜂专用车两侧为四层框架用于摆放蜂箱，可固定饲养80～110群蜜蜂。运输时还可在车中间载装80～100个蜂群，可由车载起吊装置轻便装卸。两侧蜂箱之间的空间为工作场所，利用操作平台可便于蜜蜂检查及生产。车下备有蜜桶及杂货箱，可载生活用品及工机具等。车上配有遮阳伞，可遮阳防晒。配有专用水箱及水管、喷头，可便于蜂群喷水、人员洗澡等。

房车型养蜂专用车上装备有4.8平方米的小房，房内配置双层折叠床，可睡三人；还配有多功能折叠工作台，可用于生活和移虫、取浆等生产活动。

养蜂专用车上除汽车电源外，还可配小型汽油发电机组、太阳能发电机组，能随时供电并储存。车上配备储电瓶，可供生活中电视、电扇、冰柜等生活电器用电，也能使用电动甩浆机、电动摇蜜机、花粉干燥箱等专用生产机械。

车型与价格：现设计生产大、小两种车型，4种产品，实际价格在11.56万～13.2万元。

第五章　饲养管理技术

一、场地选择

蜂场建设与环境的关系十分密切，尤其是定地蜂场的永久性建设，必须重视蜂场周围环境的选择和建设。营造和寻找绿色蜂产品生产的生态蜜源环境，在养蜂生产中的地位和作用日趋重要。

1. 定地蜂场场址选择

除考虑气候、蜜源植物等影响因素外，应着重考虑下述问题。

（1）位置。蜂场的位置，平原区在蜜源中心地带，山区在蜜源所在的山南脚下，小气候要宜蜂、宜人，一般要求是避风向阳、冬暖夏凉。

（2）蜜源。蜜源要丰富，一年至少2~3个主要蜜源，较多的花期交错的辅助蜜源和粉源。特别是粉源要长年不断。蜂场离蜜源植物是越近越好，但对要施农药的栽培蜜源植物不宜离得太近，以减少蜜蜂的农药中毒。

（3）水源。水源要充足，水体和水质的状况良好，满足蜂群和人的生活需要，还可提供蜜源灌溉条件，拥有风调雨顺、旱涝灾害罕有的气候条件。

（4）蜂场场地。蜂场面积要能满足蜂群摆放、蜂产品生产操作，满足蜂场管理、生活需要。作为总场，还要有蜂机具蜜桶仓库、贮存王浆的冷冻库等用地，种王场还要有蜜蜂人工授精室、雄蜂爽身室等，具体面积因蜂场规模和蜂场级别而定。

（5）交通。蜂场应和公路干线接轨，进入蜂场的公路路面应晴雨都能通车。以便蜂群、产品运输。

蜂场选择，首先是蜜源。离开蜜源谈养蜂无异于空中楼阁。尤其是定地饲养，蜜源、粉源要提前调查清楚。现在有好多生态园，张口闭口就要养蜂。如果是做做样子，无所谓，如果真正要养好蜂，离不开良好蜜源条件，不是有几棵果树就能满足蜜蜂的胃口。

转地放蜂，首先考虑安全。尤其是水灾，虽是罕见，但影响巨大，本人也曾经历被天气预报吓得连夜转场的事，事后表明虽是虚惊一场，但总算是全身而退。辽西的暴雨，本人着实是有亲身体验。早年到朝阳放蜂，听当地百姓津津乐道地讲"捞蜂箱"的故事：突降暴雨，蜂场被冲，还好有热心人帮忙，蜂场的老板娘却指定要先捞一个33号蜂箱，后来人们才知道，最值钱的就是这个蜂箱，蜂场存款都在里面！蜂箱虽然冲走一部分，保住33号当时也算是喜剧结局了。身边实在是有太多的人经历水灾，有的蜂箱被水泡了，还有的甚至整场被洪水卷走。天气预报只有大雨、暴雨、大暴雨，没有多少年一遇这一说。能不能遇上，雨不停之前都不好说。

2. 临时放蜂场地的选择

（1）采蜜场地。对主要蜜源植物了解要仔细，不仅要了解主要蜜源植物的面积、生长情况和泌蜜规律；还要了解气候情况，雨水是否充足，有无冻害发生等情况，预测花期有无旱涝灾害；此外还要了解历年蜜源流蜜情况及蜂群分布密度。采粉场地要着重粉源植物集中、面积大，气象预报无连续阴雨天即可选作放蜂场地。

对于采蜜场地，时有养蜂人之间因为争夺蜜源闹矛盾，甚至出现民事刑事纠纷，还有的地方借安排场地强行收费，或是压低蜂蜜收购价格。但有的地方感谢蜜蜂授粉从促进农作物增产，还给予一定授粉费用。因此，安排场前要详细了解情况，做到心中有数。

（2）繁殖场地。要求有连续交错的丰富的粉源泉。有辅助蜜源更好，交通运输方便和供水条件良好即可。早春繁殖场地要考虑避风保温。

（3）越夏场地。主要是保存蜂群的实力，应选择遮阳、通风、敌害少的地方。理想的场地有海滨和山林。海滨场地温湿度比较适宜、海风凉爽有利散热，胡蜂等敌害较少。特别是海滨地带种有芝麻、瓜类等辅助蜜源，有利保持和发展蜂群。山林场地山高林密，有利于遮阳降温，又有零星蜜粉源，有利于蜂群繁殖，但要特别注意胡蜂危害。

（4）越冬场地。应选择北风、向阳、干燥、安静的地方。越冬场地不宜选在家禽畜经常经过的地方，并尽量可能离铁路、公路、农药仓库远一些。一定要远离采石场等强烈震动的地方。

蜂场的规模大小的定位，要看是否有利于蜂产品生产、蜜源利用、蜂群运输、蜂场管理。一般专业养蜂蜂场规模以养120~180个继箱群、20~30个平箱群为宜，1个汽车可以装下，转地养蜂方便为宜。一个蜂场配3人饲养比较合理。蜂场的密度是指从事蜂产品生产的蜂场之间的距离，具体的密度应由多个因素决定。蜂场规模越大，场间距离应越大；蜜蜂飞行范围，一般多数工蜂可以到达采集半径为3千米。

定地或小转地饲养，蜜源条件一般，大多是自产自销，零售价格较高，大转地养蜂，以批发为主，往往以产量取胜。但是，随着互联网的发展，对于销售方式、销售渠道都有了深刻影响，借助网络，结合快递、物流，也可以进行蜂产品销售。现在的淘宝店、微店已经成为人们生活的一部分。亲，你用了吗？

二、管理技术

（一）蜂群选购和蜂箱排列

选购蜂群

购买蜂的时间，要根据需要目的和当地的环境条件而定。富有经验养蜂者一般在秋季购买，即在夏秋最后一个蜜源结束时购买，此时蜂群价格最低，准备繁殖适龄越冬蜂，喂越冬饲料，治螨，为来年的春繁、生产做准备。通常在越冬后期购买蜂群，这时气温回升，花源渐多，蜂群进入更替越冬蜂、恢复增殖的阶段，争取当年获得效益。

选购西方蜜蜂蜂群一定要健康无病，特别注意有没有蜂螨、幼虫腐臭病，白垩病及孢子虫病；中蜂要注意有没有囊状幼虫病。蜂群的工蜂数量要适中，以青壮年蜂居多，工蜂颜色鲜艳，绒毛密长；开箱时蜂群不骚动，提脾时蜜蜂不乱爬，性情温驯；蜂王胸部粗大，腹部修长丰满，行动稳健，提脾时产卵不停、子圈大；要有和季节相适应的子脾，子脾的卵虫蛹比例协调；巢脾不应太旧，脾上贮有一定数量的饲料；同时选购蜂群时，随带一定数量的优良巢脾。在山区也可收捕野生中蜂进行饲养。蜂箱、巢脾规格标准有利于标准化饲养。

图5-1　健康的蜂群（王星摄）

　　蜂群排列方法应根据场地大小、不同季节和饲养方式而定。规模较小的蜂场场地宽敞，蜂群可散放，也可单箱排列或双箱排列。通常蜂箱间距1~2米，各排之间相距2~3米，前后排的蜂群位置相互交错。大型蜂场蜂群数量多，常受场地的限制，可双箱或多箱并列。转地放蜂，可采用方形或圆形排列法。也可采用沿路"一条龙"排列法。有处女王的交尾群，应分散放在蜂场外围目标清晰处，巢门要相互错开，以免处女王交尾归来错投。

　　蜂群摆放的地方应地势高燥，背风向阳，冬季能防风，夏季有树荫，雨季不致遭水淹。摆放蜂群时蜂箱前低后高，便于蜜蜂清理箱底。蜂群的巢门最好朝南或偏东南、西南，巢门前不可有高的障碍物和杂草垃圾等。巢门不要对着路灯、诱虫灯。

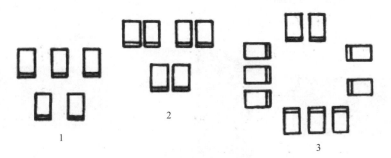

1.单箱单列；2.双箱并列；3.方形排列

图5-2　蜂箱的排列

定地养蜂　　　　　　　　　转地蜂群的排列

图5-3　蜂群的排列（王星摄）

（二）蜂群的检查

检查蜂群的目的是了解蜂群的内部活动和变化情况；蜂王的有无和优劣、各龄蜂的比例、数量与发育情况，有无病虫害，巢内蜜粉贮存量等，以便根据当时的情况，采取相应的管理措施。

1.开箱检查

取下蜂箱盖，把巢脾提出来查看。全面检查是打开箱盖后，将巢内的巢脾逐个提出查看，全面了解蜂群内部的脾、蜂、王、子、蜜、粉、病等情况，在分蜂季节还要注意有无自然王台和分蜂热。由于全面检查对蜂群的正常生活和活动，特别对巢内温湿度会有所影响，所以不宜经常进行。全面检查蜂群宜选择气温14℃以上的晴暖无风天气；夏天应选在早、晚进行；大流蜜期应尽量不要在蜜蜂出勤高峰时开箱。盗蜂较多时，应少或不进行全面检查。如必须检查，则应选在早、晚蜜蜂不飞翔的时候进行。

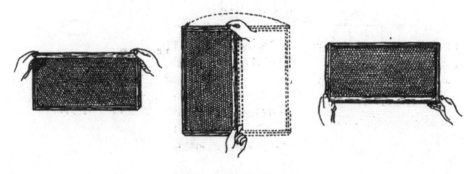

图5-4　翻转巢脾的方法

　　检查蜂群时，人要背着阳光，站在蜂箱的侧面。先轻轻揭下大盖，放在箱后的地面上，再取下覆布和纱盖，反面放在地面上。把隔板向外推开，再用双手的拇指和食指紧捏两头框耳，垂直地从箱内向上提出，以免挤伤蜂王和工蜂。提脾开箱查看时，应使巢脾的平面和地面保持垂直状态，以免蜜汁、花粉从巢房内掉落。先看完一面，再将巢脾翻转过来看另一面。翻转时，先将水平的上梁竖起，使之与地面呈直角，再以上梁为轴，将巢脾向外转半圈，然后将双手放平，使巢脾的下梁朝上，上框梁朝下，仍使巢脾的平面与地面保持垂直，查看完后，采用同样的方法转动复原，放回箱内。及时将检查的结果记录下来，如表5-1。

表5-1　检查蜂群记录表

检查日期	群号	蜂数框	子脾		饲料		空脾	蜂王情况	脾数	处理情况	备注
			卵虫	蛹	蜜	粉					

　　如何防止蜂蜇？

　　天气晴暖，外界蜜粉源充足，蜜蜂不爱蜇人，蜜源越充足，蜂就越温和。

　　蜂群受到强烈震动，蜜蜂易发怒；葱蒜等刺激性气味以及化妆品气味容易引起攻击；黑色或毛绒的衣物以及头发都易引起蜜蜂攻击。

　　戴蜂帽，做好必要防护措施；查蜂前洗去身上的汗味，尽量穿浅色衣服；开箱要轻、快、稳，防止压死蜜蜂；喷烟也是镇压蜜蜂的可靠方法；天气不好尽量箱外观察。

　　局部检查如下。

　　就是从蜂巢的某个部位提出一个或几个巢脾查看，从而大体上推测蜂群的情况，在外界缺乏蜜源或气温较低（早春、晚秋）时不宜作全面检查就是采用这种方法。

　　饲料状况：只需要看边脾上有无存蜜，或隔板内侧第3个巢脾的上角有无"角蜜"。

　　蜂王状况：蜂巢中央提出巢脾，发现巢房内有起立的卵说明蜂王健在；若不见卵也不见蜂王，并观察到有工蜂在巢脾上或框梁上振翅不安，则意味已经失王。从蜂巢偏中部拉提脾查看，如果封盖子脾整齐，幼虫滋润、鲜亮，则说明发育正常。

发病状况：如果幼虫干瘪，甚至变色，变形或有异味，则说明发育不良或患有幼虫病。

图5-5　蜂群检查（王星摄）

图5-6　螨害（王星摄）

2. 箱外观察

养蜂人员可根据蜜蜂及其群体的行为、特征、声音等不同的情况，进行箱外观察。

鼠害：早春或越冬期在巢门前发现无头无胸的碎蜂尸，说明该群已遭鼠害。

饥饿：在阴雨天，正常蜂群很少活动或停止活动，但饥饿蜂群的工蜂不断从巢门飞出或爬出。在巢门前不断发现新的死蜂，或被工蜂拖出的死蛹和死幼虫，说明箱内饲料耗尽，蜂群濒于饿死。

下痢：蜜蜂颜色黑暗，腹部膨大，飞翔困难，在巢门前和箱外到处有排泄的稀粪，这是蜂群越冬患了下痢病表现。

失王：天气晴暖，有些工蜂在门前振翅，来回爬动，很不安静，是失王的表现。

螨害：巢门前地上有缺翅和发育不全的幼蜂爬出，这是蜂螨危害严重或气候恶劣等原因造成的现象（图5-6）。

中毒：在箱前或蜂场附近有新死的工蜂，有的还携带花粉和花蜜，死后喙伸出，腹部弯曲，这是中毒的现象。

幼虫状况：在繁殖期，蜜蜂出入频繁，返巢蜂携带大量的花粉，说明巢内育虫情况比较正常。

分蜂前兆：巢门出现"挂胡子"现象，工蜂消极怠工，说明很快要发生自然分蜂。

流蜜：蜜源植物开花后，全场蜜蜂采集繁忙，巢门口拥挤，归巢蜂腹部饱满沉重，说明蜜源已开始流蜜。反之，巢门口守卫森严，蜜蜂出勤少，说明流蜜期已结束。

胡蜂危害：在巢门前有很多蜜蜂，并有较多的蜂被咬死或受伤，是遭受胡蜂或其他敌害袭击。

越冬状况：在越冬期，将耳朵贴近巢门，或用一根橡皮管插入巢门内，如听见声音轻微，柔和、匀调；若听不到声音，用手指弹一下箱壁，蜂群立即发了"唰"的响声，而且马上消失，说明越冬情况正常。如果听见蜂群"唰唰"声音表明巢温过低；若听见明显的"嗡嗡"声，说明箱内过热。

盗蜂：巢门混乱，有打架现象；工蜂进出频繁，进入的腹部小，出来的腹部饱满，是盗蜂表现，尤其是在清早或傍晚，其他蜂群蜜蜂基本不活动，盗蜂却飞行积极。

一般养蜂人员进入蜂场和接近蜂群时，尽量穿浅色服装，身上不要有蒜、葱、酒、香皂、臭汗等强烈刺激气味，开箱检查时，手要轻，动作敏捷。迫不得已时才使用喷烟器。绝大多数人被蜇后，有一定的红肿、疼痛症状，一般2～3天后可消失，但有极少数人被蜇后会发生过敏反应，全身出疹块、心悸等症状，遇到这种情况，应该及时送医院治疗。

救命针

人对蜂毒过敏程度差异巨大，一般都是红肿热痛3天左右症状消失，但个别人过敏严重，甚至当场休克。蜜蜂蜇人后，由于蜂针上有倒刺，蜂针会留在皮肤表面，毒囊继续排毒，因此，被蜜蜂蜇后首先要清除螯针。胡蜂螯针光滑，不像蜜蜂只能进攻一次，胡蜂可以连续蜇刺，而且毒性更大，建议被蜇后迅速治疗，野外研究人员或蜂毒高度过敏的人建议携带"救命针"——一种肾上腺素注射液。

（三）合并蜂群

合并蜂群时，一般弱群并入强群、无王群并入有王群。对失王已久，巢内老蜂过多、子脾少的蜂群，要先补给一两框卵虫脾，然后进行合并；无王群合并，应在合并前几小时彻底清查和毁除王台。合并蜂群的时间，通常在傍晚蜜蜂即将停止飞行时进行。

直接合并法

一般在流蜜期和早春，晚秋气温较低，蜜蜂活动性弱的时候采用。一般的做法是先将一群的巢脾放在蜂箱的一侧，再将被合并的蜜蜂连脾提出来放到另一侧，彼此之间保持一框距离；或放在隔板外，第2天再将两群的巢脾靠拢。向两群的巢脾上喷些稀薄的蜜水，或喷几下烟，使两群的气味混合，更能达到安全合并的目的。

间接合并法

合并时不让两群蜜蜂直接接触，待它们气味相通后，再合到一起。通常使用的方法是用报纸或铁纱盖作隔离物。利用报纸合并时，先将报纸刺上多个小孔，放在巢箱上盖严，上面叠加继箱，再把被合并的蜂群提入继箱中，让蜜蜂自行咬破报纸，使两群的群味自然混合，然后合并。采用铁纱盖合并时，同用报纸的方法类似，1~2日后，待气味混合后撤去铁纱盖整理蜂巢。

工蜂已产卵的蜂群合并难度较大，易发生围王的现象。通常使用的方法是：如果群弱，又在流蜜期，可把蜜蜂抖到继箱群的巢前，工蜂产的卵虫脾用酒精喷杀或用清水浸泡后放到强群中清理。如果群势较强，可把它搬到蜂场边角，在原来位置上放一有老王的弱群，外勤蜂出巢后飞回原址，加强弱群。几天后，把原群残留的少数工蜂抖于巢外，撤去蜂箱，让它们自投周围各群。

（四）蜂王的诱入

如给无王群诱入蜂王，先要将巢脾上所有的王台毁除；给蜂群更换蜂王，应提早1天将需淘汰的蜂王提出；在断蜜期诱入蜂王，应提前2~3天用蜂蜜或糖浆连续对诱入群进行饲喂；给失王较久，老蜂多、子少脾少的蜂群诱入蜂王，应提前1~2天补给幼虫脾；给强群诱入蜂王，最好把蜂箱撤离原位，把部分老蜂分离出去然后诱王。

1. 直接诱入蜂王

就是将蜂王直接放进无王群里的诱入方法。只适宜在大流蜜或气温低的情况下使用。在大流蜜期，可将蜂王放在无王群的巢脾上，或从巢门直接放入蜂王，让蜂王自己爬到巢脾上即可，安全高效。也可从无王群内提出1~2脾蜂抖落在巢门口，乘混乱之际，将诱入的蜂王捉放在乱蜂之中，让蜂王随工蜂一起爬入巢门。进行箱外观察，如果蜜蜂采集正常，巢门前没有死蜂，箱底没有蜂球，说明诱入蜂王安全无恙。

2. 间接诱入蜂王

常用的器具有扣脾式蜂王诱入器。把蜂王连同几只幼蜂捉进蜂王诱入器内，将诱入器扣在有圈蜜的巢脾上的蜜和空巢房处，将脾放回原群，经过1~2天，原来紧围在诱入器上的工蜂已经散开，有的开始饲喂蜂王，表明诱入群的蜜蜂对新蜂王已无敌意，这时可将诱入器的蜂王放出来，诱入蜂王成功。

3. 种用蜂王的诱入

从种王场引进邮来的蜂王，可将寄王笼固定在两个巢脾之间，有铁纱的一面对着蜂路，经过1~2天群内工蜂对笼内蜂王无敌意时，即可将王笼上的出口打开，让蜂王自行爬出。邮寄蜂王，在王笼放入蜂群之前，一定先把笼内的工蜂驱尽，里面只剩下蜂王，这样诱王容易成功。蜂群群势小、工蜂日龄小比较容易诱入蜂王。

4. 围王的解救

许多工蜂把蜂王围起来，形成一个以蜂王为核心的蜂球，这种现象叫围王。发现蜂王被围，通常采用向蜂球喷洒清水或稀蜜水，使围王的工蜂散开；也可将蜂球投入水中，使蜂球散开；蜂王解围后，若没受伤，可用诱入器暂时扣在脾上加以保护，到蜂群接受时再释放，如果蜂王受伤，应立即淘汰。

（五）修造巢脾

1. 镶装巢础

先将巢框两侧边条钻2~3个孔眼，穿上24号铅丝，然后将其一头在边条上缠牢，拉紧，用手指弹能发出清脆的声音时，再将另一头在边条上拧紧。安巢础时，先将埋线板放平，衬板上铺一层纸或用湿布抹湿衬板，再将巢础的一边镶进上框梁的凹槽内。然后放在埋线衬板上，用埋线器沿着铅丝滑动，使铅丝埋入巢础中。巢础的边缘与下梁保持5~10毫米距离，与边条保持2~3毫米距离。

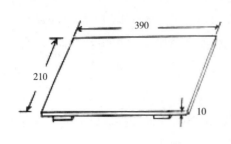

图5-7　埋线板　　　　　　　　　　　　　图5-8　镶装巢础

2.加础造脾

当蜂群的巢脾栋梁上出现白色新蜡时，即可将镶好的巢础的巢框插入蜂群内（图5-9）。中小群造脾，因为没有分蜂热，造出来的脾质量较好，没有雄蜂房。巢础框一般在傍晚加进。放在蜜粉脾和子脾之间。巢础框加入后，第2天要检查造脾的进度和质量，尽早让蜂王在上面产卵。未经育儿的脾，也叫白茬脾，不利于越冬保温，次年春季蜂王也不喜欢在上面产卵。因此，造脾后尽快让蜂王产卵，繁育工蜂。

图5-9　修造巢脾（王星摄）

3.巢脾的保存

刚取过蜜的巢脾，一定要放回蜂群，让蜜蜂舐吸干净，然后放到清洁、干燥、严密、没有药物污染的地方。贮藏之前，要将巢脾修理干净，将蜜脾、半蜜脾、花粉脾、空脾分开，然后用二硫化碳或硫黄彻底进行消毒。

方法是：把巢脾放入继箱套内，每箱7～8张，每5～8个继箱摞成一垛，将箱间缝隙糊严或用塑料罩严，若用硫黄熏蒸，将最下面的箱体空着，以便硫黄燃烧时产生气体上升，每个箱体用硫黄3~5克；若用二硫化碳，将箱垛最上面的箱空着，把盛有二硫化碳的器皿放在空继箱内，箱间缝隙糊严或用塑料罩严，每个箱体用二硫化碳5毫升。使用上述药物时，宜在无人居住的室内进行。

（六）防止盗蜂

盗蜂是指到其他蜂群去盗窃蜂蜜的蜜蜂。从仓库盗取蜂蜜或糖的蜜蜂也称为盗蜂。

1.盗蜂发生的原因

①蜂场强群弱群混放或有患病群；②蜂群的储蜜普遍不足；③有蜜的巢脾或糖浆洒落在场地没有及时清理；④不同种的蜜蜂在同一蜂场饲养；⑤仓库的门窗不严。

2.盗蜂的制止

①个别蜂群发生盗蜂时，立刻将其巢门缩小到只容1只蜜蜂进入，所谓"一夫当关，万夫莫开"，有利于防守。巢门前可放一些草遮蔽，或者在巢门前涂一些煤油、樟脑油等驱避剂。②如果盗蜂已攻入被盗群，一种是迅速找到作盗群，将其巢门关闭，搬到离蜂场3~4千米以外的地方，打开巢门；原址放一空箱，箱内放2~3张空巢脾。经过几天后将原群移回，把空箱搬走。③如果是分不清作盗群，就将被盗群的巢门关闭搬到离蜂场较远的荫凉处隐藏起来，揭去履布，原址放一空箱，里面空几个卫生球，或在空箱内放几张空脾，巢门安装1根内径6~10毫米，长20~30毫米的竹管或厚纸筒，外口与巢门齐平，周围空隙用泥堵上，盗蜂飞来，钻入箱内不易出来，让他们在箱内饿上两天，到傍晚时打开箱盖放走。④如果全场发生严重盗蜂，要尽早把蜂场转移到5千米以外的地方，打乱原来的摆放次序，适当缩小巢门。

让人又爱又恨的向日葵

我国向日葵主产区分布在东北、西北和华北地区，如内蒙古、吉林、辽宁、黑龙江、山西等地。蜜蜂授粉是向日葵丰产的重要环节。但养蜂人对向日葵又爱又恨，爱的是向日葵蜜粉丰富，种植面积大，是一种重要蜜粉源。恨的是，在采集葵花蜜期间，容易发生盗蜂，在流蜜后期甚至全场作盗，乱作一团，只能趁早搬家。也有蜂友反映蜜蜂采集泡桐时也有类似现象，不过目前还没有明确的解释。

（七）移动蜂群

逐渐迁移法

就是在每天傍晚或早晨蜜蜂没有飞翔的时候，逐步地移动蜂箱，向前后移动时，每次可移动1米左右，向左右移动时，每次不得超过0.5米，这种方法适宜挪动20～30米以内的距离。

直接移位法

初冬蜂群基本结团或冬末蜂群刚刚开始恢复活动可以直接迁移外。如果把蜜蜂搬到飞翔范围以内的其他地方去，也可采用此法。

（八）收捕分蜂团

分蜂开始的时候，先有少量的蜜蜂飞出蜂巢，在蜂场上空盘旋飞翔，不久蜂王才伴随大量蜜蜂由巢内飞出，几分钟后，飞出的蜜蜂就在附近的树上或建筑物上结成蜂团，经过一段时间，分出群就要远飞到新栖息的地方。

当蜂群自然分蜂刚开始，蜂王尚未飞离巢脾，可立即关闭巢门，或在巢门前放一个蜂王幽闭器，不让蜂王出巢，然后打开箱盖，从纱盖上往箱内喷水，等蜜蜂安定后，再开箱检查，将蜂王捉入诱入器扣在脾上，毁除所有的自然王台。

当发现大量蜜蜂涌出巢门，蜂王也已出巢，然后在蜂场附近的树林或建筑上结团，可用一较长的竹竿，将带蜜的子脾或巢脾绑其一端，举到蜂团跟前，引诱蜜蜂上脾，当蜂王爬上脾后，将蜂王用诱入器扣在脾上，其他蜜蜂自然会飞回原群。如果蜂团结在小树枝上，并且很低，可将放脾的蜂箱放在分蜂团下面，用力震动树枝，使分蜂团落到箱内；若分蜂团结在高处树枝上，可将树枝锯断，锯断树枝时注意不要震动分蜂团，然后将蜂抖落到蜂箱内。

三、蜂群的四季管理

（一）春季的蜂群管理

1. 促使蜂群排泄

蜜蜂经过越冬之后中，要进行2～3次排泄飞行，才能把积存在后肠中的粪便排泄干净。让蜜蜂排泄的时间，宜选在外界气温达8℃以上，晴暖无风时进行，室外越冬的蜂群可取下保温物，让阳光直射蜂箱，促使蜜蜂出巢飞翔（图5-10，

图5-11）。室内越冬的，把蜜蜂搬到室外，为其飞翔创造条件。在蜂群排泄时，要注意防止蜜蜂飞偏巢。对于不正常的蜂群要立即开箱检查，或标上记号，抓紧处理。蜜蜂排泄之后，恢复蜂箱上的保温包装。

图5-10 蜂群排泄　　　　　　图5-11 蜜蜂排泄物形态（王星摄）

2. 检查蜂群

利用良好天气抓紧对蜂群进行全面检查，主要任务是：清除箱底死蜂、蜡屑、下痢斑点和霉迹；查明蜜蜂数量（强、中、弱）；饲料多少（多、够、缺）；蜂王有无；巢内是否潮湿；蜜蜂是否患有下痢等，同时饲料不足的要及时补充蜜脾，调整群势，合并无王群和小群，注意防止盗蜂。

3. 防治蜂螨

在幼虫未封盖之前，是防治蜂螨的最好时机。一般在春繁之前、秋繁之后彻底治螨。此时蜂群内没有幼虫，蜂螨暴露在蜜蜂体表，是治螨最好时机。

4. 包装保温

包装分为外包装和内包装。外包装主要是用草帘等保温物在蜂箱下面、后面、侧面进行保温包装，寒冷的地区在蜂箱的后面和两侧及箱与箱之间再添加一些干草。对于弱群还须进行箱内保温，如在隔板与蜂箱侧壁之间的空隙处填满保温物进行内包装。

随着外界气温也逐渐升高，蜂群日益强大，箱内保温物，随着群势的发展和蜂巢的扩大（加脾）逐步撤出。如果夜晚巢外有许多蜜蜂振翅扇风或聚集成团而不进去，则表明巢内温度过高，要逐渐撤去外包装，当外界气温最低气温稳定在15℃以上时，撤去箱外包装。

5. 保证蜂群饲料的供应

（1）喂蜜。奖励饲喂，可以刺激蜂王产卵，若喂蜜，要将4～5份蜜加1份温水使之稀释；若喂糖，则2份糖加1份水使之溶解，放温后饲喂。

（2）喂粉。如果巢内缺粉，可用贮存的花粉脾补充，也可用花粉或花粉代用品加蜂蜜调制成"花粉糖饼"，放在巢脾的上框梁上让蜜蜂取食。注意用的蜂蜜和花粉最好出自本蜂场自己生产，特别是花粉，要进行灭菌处理后再饲喂。

（3）喂水和盐。可用公共饮水设施或巢门喂水器进行，结合喂水，适当地喂些0.3%的食盐。

6. 适时扩大蜂巢

在进行第一次蜂群全面检查15～20天后，每5～7天检查一次，一般不做全面检查，只做局部检查。主要了解饲料情况、蜂王产卵情况及蜂儿发育情况。

加第一张脾不要太早，一般当蜂群内巢脾全部成为子脾，面积达到70%以上，封盖子占子脾数一半以上，仍然蜂多于脾，隔板外面约有半框蜂，可以加脾，往后，每当所加的巢脾上子圈面积达到底部时，则可继续加脾。随着外界蜜粉源的逐渐增多，加脾速度可酌情加快。当巢内达到7～9张时，则停止加脾，迫使工蜂逐渐密集，从而为养王分蜂、叠加继箱和组织生产群奠定基础。加脾过早，容易出现"见子不见蜂"的现象，即所谓"欲速不达"。

（二）生产期的蜂群管理

1. 培育适龄采集蜂

工蜂从卵到成虫需要3个星期，羽化出房后2～3个星期才能从事外勤工作。根据工蜂的发育日期和开始出勤采集的日龄来计算，从主要蜜源植物开始流蜜前40～45天，直到流蜜结束之前35天羽化出房的工蜂都是适龄采集蜂。

2. 修造巢脾

在蜂群发展时期，工蜂造脾积极性高，造成的巢脾雄蜂房少，脾面平整，质量最佳。造脾不仅有利于蜂群的发展，而且还能有效控制分蜂热发生。

3. 组织采集群

在主要蜜源开花前半个月，全面检查生产群的群势，在采集时达到12框以上群势。如果没有达到采集群的要求，可以利用副群的蜂儿和蜜蜂补充主群。对于双王群，可以在流蜜期到来时，从双王群中提走1只蜂王，使之成为强大的单王采集群。

4. 控制蜂王产卵

在主要采蜜期，蜂群内若有大量的未封盖子脾，会使许多蜜蜂不能投入采集工作，对采蜜不利。在流蜜期长达1个月以上或两个蜜源花期相衔接，或以生产蜂王浆为主的蜂场，宜采取繁殖和采蜜并重的方法，不强调限制蜂王产卵，这样对长期维持强群有利。

5. 采蜜期的蜂群管理

（1）集中力量采蜜。可以在主要流蜜期开始前10天内，用成熟王台更换采蜜群的蜂王，可以增加流蜜期短的蜜源植物的采蜜量。但这种方法只适宜在部分蜂群实行，也不宜在秋季的晚期蜜源实行，也可采用空脾换出生产群的一部分幼虫脾，放到副群里，减轻生产群的内勤负担，增加采蜜量。

（2）注意通风和遮阳。主要措施有大开巢门，扩大蜂路，掀开盖布的一角，以利花蜜中水分的蒸发，减轻蜜蜂酿蜜时的负担。

（3）适时取蜜、取浆。到了流蜜盛期，待蜂蜜酿制成熟再取，取蜜注意留足巢内饲料。取蜜的时间应安排在每天大量进蜜之前。取浆时要注意观察花粉的消耗。

（三）蜂群的秋季管理

1. 更换老劣蜂王

在夏秋主要蜜粉源时期，用蜂王产卵控制器控制种蜂王产卵，然后用大卵培育一批优质蜂王，更换生产力差的蜂王。

2. 培育适龄越冬蜂

适龄越冬蜂是指工蜂羽化出房后没有参加采集和哺育工作，而又进行飞行排泄的蜜蜂。培育越冬蜂时，巢内保证充足的蜜粉饲料，在最后一个蜜源的流蜜后期，要谨慎取蜜，注意蜂数的变化，及时抽取大蜜脾留作越冬饲料，或换以空脾，保证蜂王有产卵的空房。同时要认真防治蜂螨，以保证越冬蜂的体质健康。调整蜂巢时，要抽出不适宜越冬的新脾和雄蜂房多的巢脾。

3. 幽王停产

因为羽化出房的幼蜂，在入冬之前必须经过排泄飞行，幼蜂出房过晚，也因不能进行排泄而不能正常越冬，同时，蜂王产卵，增加了工蜂的哺育工作和饲料消耗，促使越冬蜂衰老，削弱了越冬蜂的实力，蜂群群势越弱，蜂王停产越晚，对蜂群的治螨和安全越冬极为不利。辽东地区，一般在9月20日左右幽王停产为宜，在10月10日左右喂足越冬饲料。具体情况可根据蜜源及天气预报合理安排。

4. 贮备越冬饲料

如果选留的蜜脾不够，越冬之前必须补喂，为了蜂群安全应当用优质的蜂蜜，蜜蜂吃了这样的蜂蜜后，易吸收，后段肠积存粪便少，有利于越冬。也可以用优质的白砂糖，给蜜蜂补喂越冬饲料时间宜早不宜晚，北方大都在9月下旬至10月上旬，补喂要尽早、尽快喂足，同时要注意防盗蜂。

5. 治螨防病

待蜂群断子后，巢内没有子脾时，抓紧大好时机用治螨药液喷治1～2次，使蜂螨寄生率降到最低限度。

（四）越冬期的蜂群管理

1. 室外越冬

越冬场所要求背风、向阳、干燥、环境安静。在蜂群群势、饲料和越冬场所等符合越冬要求的情况下，室外越冬成败的关键就在于对蜂群的包装保温，最可能发生的现象是保温过度，导致蜂群伤热。南方冬季的气温常在0℃以上，对蜂群一般不进行内外包装，只是根据群势和强弱和气候的变化，做好遮阳、遮光、防雨、御寒等工作，力求控制蜜蜂外出活动。北方对蜂群一般也只做外包装，不做内包装（图5-12）。在最低气温为-20～-10℃的地方，在最低气温降到-5℃左右时，开始箱底垫10～20厘米厚的干草或锯末，撒上石灰（防鼠），在最低气温-10℃时，在箱盖上面盖2～4层草帘，箱后和两侧塞上干草保温，一排蜂箱的箱与箱之间塞草。在箱前也要盖2～4层草帘，保持黑暗，包装要逐步进行，巢门先大后小，注意防畜禽干扰，防火，防雨雪，防鼠（图5-12）。

越冬期蜂箱巢门要防止老鼠钻入危害，对蜂群的管理主要通过箱外观察判断蜂群状况，如无特殊情况，尽量不打开蜂箱检查。

室外越冬，管理方便，只要包装正确，蜂群不伤热，不下痢，死亡率就低；除了必要的包装物外，不需添加其他设备，比较经济（图5-13，图5-14）。

当外界气温0℃以下，并且已稳定，背荫处的冰雪已不融化时，就可以把蜂群抬入越冬室，蜂群入室时间宜晚不宜早。蜂群在室内要放在40~50厘米高的架子上，每摞码3个平箱或2个继箱群，强群放在下面，弱群放上面。室温控制在-2~2℃，相对湿度75%~85%，定期进行检查，掏出死蜂。

图5-12　蜜蜂越冬包装（王星摄）

图5-13　室外越冬的蜂群（王星摄）

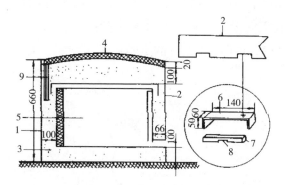

1.后围墙；2.前面挡板；3.保温物；4.泥顶；5.蜂箱；
6."Ⅱ"形越冬巢门；7.大门；8.小门；9.通气草把

图5-14　草埋室外越冬示意图

2.室内越冬

这种方式，往往主要为冬季严寒的东北和西北地区采用。越冬室有地上式、地下式和半地下式三种。无论哪种越冬室，都必须具备如下条件：具有良好的保温隔热性能，在最寒冷的时候，能保持室温相对稳定；通风良好，便于调节室内温度和湿度；坚固安全，环境安静，室内黑暗。

第六章　蜜蜂繁育

一、蜜蜂分类与分布

19世纪80年代研究认为蜜蜂有6个种，即大蜜蜂、黑大蜜蜂、小蜜蜂、黑小蜜蜂、东方蜜蜂和西方蜜蜂，近年来研究又增加了沙巴蜂、绿努蜂、印尼蜂。迄今为止，世界上公认这9种蜜蜂为蜜蜂属内独立的蜂种（图6-1）。不同的种之间存在生殖隔离，不能杂交。大蜜蜂、黑大蜜蜂、小蜜蜂、黑小蜜蜂是蜜蜂属中比较原始的4个种，它们广泛分布于南亚、东南亚以及我国的广东、海南、广西、云南等地，它们在大树干下、悬崖下和杂树丛中营巢。由于具有较好迁徙的特性，故极少有人饲养。现在人工饲养的主要有东方蜜蜂、西方蜜蜂。

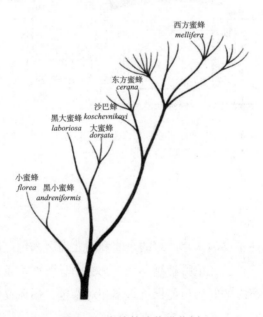

图6-1　蜜蜂的遗传进化树

（一）东方蜜蜂

东方蜜蜂有许多自然品种，如印度蜂、爪哇蜂、日本蜂以及中华蜜蜂等。

中华蜜蜂简称中蜂，中国境内绝大部分地区都有中蜂分布，主要集中在长江流域和华南各省山区。工蜂嗅觉灵敏，发现蜜源快，采集积极，善于利用零星蜜源，对于当地的自然条件有很强的适应性。不采树胶，蜡质不含树胶。中蜂比较耐寒，在10℃左右时，能够进行采集飞翔，所以在南方它们能采集栎属和鹅掌柴等冬季蜜源。飞行敏捷，灵活，可以逃避胡蜂、蜻蜓和鸟类的捕杀。抗蜂螨力强，还能根据蜜粉源条件的变化，调整产卵量。

中蜂也有一些缺点。喙短，爱蜇人。盗性强，分蜂性强，蜜源缺乏或病虫害侵袭时易飞逃。产生飞逃"情绪"的蜂群，在受到蜂场上其他蜂群的自然分蜂、试飞和其他飞逃蜂群的影响时，会倾巢飞出与正飞出的蜂群合在一起，在蜂场周围短树枝上结起由几群甚至几十群聚集在一起的乱蜂团，乱蜂团中各群的蜂王受到围攻而死。抗巢虫力弱，爱咬毁旧巢脾。易感染囊状幼虫病和欧洲幼虫病。蜂王产卵力弱，每日产卵量很少超过1 000粒，蜂群丧失蜂王易出现工蜂产卵。饲料消耗少，产蜜量比较稳定。在广大山林地区，中蜂品种资源丰富，可以进行收捕，就地取材。有针对性的加强管理和选育优质蜂王，可以提高中蜂的种性和生产力。

中蜂蜂王体长14～19毫米，前翅长9.5～10.0毫米，体色有黑色和棕红色两种，全身覆盖黑色和深黄色混合短绒毛。雄蜂体长11～14毫米，前翅长10～12毫米，体色黑或黑棕色，全身披灰色短绒毛。工蜂体长10～13毫米，前翅长7.5～9.0毫米，吻长4.5～5.6毫米。体色变化较大，处于高纬度及高山区的中蜂腹部背板、腹板偏黑；处于低纬度和低山、平原区则偏黄，全身披灰色短绒毛（图6-2）。

中华蜜蜂是以杂木树为主的森林群落及传统农业的主要授粉昆虫，是我国自然体系中不可缺少的重要生态链环节，有着外来蜂种不可取代的作用。对维护我国植物资源多样性，促进养蜂业的可持续发展具有十分重要的意义。中蜂对我国各地的气候和蜜源条件有很强的适应性，适于定地饲养，特别在南方山区，具有其他蜂种不可取代的地位。多年来，由于气候、蜜源及饲养意蜂的影响，我国中蜂在全国各地数量急剧下降。目前已在四川、北京等地建立了中蜂保护区。

图6-2　中华蜜蜂蜂王　　　　　　　　图6-3　意大利蜂蜂王

（二）西方蜜蜂

1. 意大利蜂

简称意蜂，原产于意大利的亚平宁半岛，为黄色品种。亚平宁半岛气候和蜜源条件特点是：冬季短，温暖而湿润；夏季炎热而干旱，蜜源植物丰富，花期长。在类似的条件下，意蜂可表现出很好的经济性状；工蜂腹板几丁质黄色，第二至第四节腹节背板前缘有黄色环带。腹部细长，喙较长，为6.3～6.6毫米；分蜂性弱，能维持强群；善于采集持续时间长的大宗蜜源。造脾快，产蜡多。性温和，不怕光，提脾检查时，蜜蜂安静。抗巢虫力强。意蜂易迷巢，爱作盗，抗蜂螨力弱。蜂王产卵力强，意蜂食物消耗量大，工蜂分泌蜂王浆多，哺育力强和造脾能力均强，从春到秋能保持大面积子脾，维持强壮的群势。是我国饲养的主要蜜蜂品种。产蜜能力强，产浆力高于任何蜜蜂品种，是蜜浆兼产型品种，也是生产花粉的理想品种，也可用其生产蜂胶。意蜂清巢习性较强。以强群的形式越冬，越冬饲料消耗量大，在纬度较高的地区越冬较困难（图6-3）。

意蜂抗病力较弱，常见疾病有美洲幼虫腐臭病、麻痹病、孢子虫病等。意蜂抗巢虫能力强，对蜂螨的抵御能力弱。蜜房封盖呈干型或中间型。意蜂的产蜜、产浆能力都很强,与近代农业关系密切,是世界上优势最大的一个蜂种。意大利蜂于20世纪初引入中国。中国大部分地区的蜜源、气候条件适宜饲养意蜂,意蜂以其繁殖力强、产量高等优点深受广大养蜂者的欢迎。目前中国大部分地区都饲养意蜂,并已成为本地的当家品种。中国育种工作者,还以意蜂为蓝本,选育出"浙农大1号意蜂""山农1号""平湖浆蜂""萧山浆蜂"等优良种系,为中国蜂业发展起到重要的作用。

2. 卡尼鄂拉蜂

简称卡蜂,原产于巴尔干半岛北部的多瑙河流域,大小和体型与意蜂相似,腹板黑色,体表绒毛灰色。卡蜂善于采集春季和初夏的早期蜜源,也能利用零星蜜源。分蜂性较强,耐寒,定向力强,采集树胶较少。性温和,不怕光,提脾检查时蜜蜂安静。蜂王产卵力强,春季群势发展快。主要采蜜期间蜂王产卵易受到进蜜的限制,使产卵圈压缩。分蜂性强,不易维持强群。节约饲料,性情较温驯,不怕光,开箱检查时较安静。定向力强,不易迷巢。盗性弱,较少采集树胶。产蜜能力强,产浆力弱,是理想的蜜型品种(图6-4)。卡蜂和意蜂、高加索蜂杂交后,可表现出较显著的杂种优势,收到良好的增产效果。

图6-4　卡尼鄂拉蜂蜂王　　　　图6-5　高加索蜂蜂王　　　　图6-6　东北黑蜂蜂王

3. 欧洲黑蜂

简称黑蜂,原产于阿尔卑斯山以西以北的广大欧洲地区,个体较大,腹部宽,几丁质呈均一的黑色;产育力较弱,分蜂性弱,夏季以后可以形成强大群势。采集力强,善于利用零星蜜粉源,对深花管蜜源植物采集力差。节约饲料。

性情凶暴，怕光，开箱检查时易骚动和螫人。不易迷巢，盗性弱，可用于进行蜂蜜生产，但在春季，产蜜量低于意蜂和卡蜂。

4. 高加索蜂

简称高蜂，原产于高加索山脉中部的高山谷地，个体大小、体形以及绒毛与卡蜂相似。几丁质为黑色。产育力强，分蜂性弱，能维持较大的群势。采集力较强，性情温驯，不怕光，开箱检查安静。采集树胶的能力强于其他任何品种的蜜蜂。爱造赘脾，定向力差，易迷巢，盗性强。采胶能力强，为生产蜂胶的理想蜜蜂品种。高加索蜂、意蜂、卡蜂杂交后，可表现出显著的杂种优势，收到良好的增产效果（图6-5）。

我国还有东北黑蜂（图6-6）、新疆黑蜂等优良地方品种。

二、蜜蜂的繁殖

1. 人工分蜂

分蜂有两种，即自然分蜂和人工分蜂。当蜂群发展强大时，老蜂王带蜂群中的大约一半数量的蜜蜂飞离原群，另选它处筑巢，并永不回原巢，使原蜂群一分为二（图6-7）。根据外界蜜粉源条件、气候和蜂群内部的具体情况，人为地将一群蜜蜂分成两群或数群，这就是人工分蜂，是增加蜂群数量的一项基本方法。

常用的人工分蜂方法是将原群留在原址不动，从原群中提出封盖子脾和蜜粉脾共2～3张，并带有2～3框青幼年蜂，放入一空箱内，蜂王留在原群内；然后将这个无王的小群搬至离原群较远的地方，缩小巢门，以防盗蜂；1天后，再给这个无王的

图6-7 分蜂团（王星摄）

小群诱入一只刚产卵不久的新王。在该小群中的蜂王产卵一段时间后，可从任何一个强群中提出适量的幼蜂和正在羽化出房的子脾补给该小群。

图6-8　交尾群（王星摄于北京蜜蜂研究所）

2. 人工育王

蜂群生产力是由蜂王以及与该蜂王交尾的雄蜂的种性决定的。但如果没有好的育王技术，好蜂种的基因型也是不可能得到充分发挥的。采用人工育王能按生产计划要求，如期地地培育出新蜂王，并与良种选育工作相结合。

（1）人工育王的时间。在自然分蜂季节，气候温暖，蜜源充沛，蜂群已发展到足够的群势，巢内已积累了大量的青幼年工蜂，雄蜂也开始大量羽化出房，这个时期是人工育王的最佳时期。此时移虫育王幼虫接受率高，幼虫发育好，育出的处女王质量好，交尾成功率也高。华北地区5月份的刺槐花期，长江中下游流域4月份的油菜、紫云英花期，云、贵、川地区2—3月份的油菜花期都是人工育王的好时期。在主要蜜源结束早、但辅助蜜粉源较充足的地区，也可在主要采集期结束后进行人工育王。

（2）父母群的选择。在挑选父母群时，除着重考虑主要蜂产品的生产性能外，还需考虑群势发展速度、维持群势的能力、抗病性、抗逆性等方面的性状。此外，还必须注重挑选那些重要形态特征比较一致的蜂群作为父母群。

（3）雄蜂的培育。精选父群，及时培育雄蜂是育王的重要技术环节。培育种用雄蜂巢脾最好是新筑造的雄蜂脾。其哺育群的群势一定要强，并且要准备充足的饲料。由于处女王和雄蜂婚飞范围的半径分别为5～7千米甚至更远，而蜂王又具有"喜欢"与外种雄蜂交尾的生物学特性，在这种情况下，要想使处女王只与本场的雄蜂交尾，就必须采用控制交配的措施。意蜂的雄蜂应当在移虫育王前的19～24天开始培育。

雄蜂由卵发育成成虫需24天，羽化出房后8～14天性成熟，可进行交尾。卵期3天，幼虫期7天，封盖期14天，合计24天，24+（8～14）=32～38天蜂王由卵发育成成虫需16天，处女王羽化出房后5～7天性成熟，可以交尾。卵期3天，幼虫期5天，封盖期8天，合计16天，16+（5～7）=21～23天。两者相差9～17天，因此，为确保雄蜂达到性成熟，应至少提前17天培育种用雄蜂。

（4）组织育王群。在移虫前2～3天就应将育王群组织好。育王群应是有10～15框蜂的强群，具有大量的采集蜂和哺育蜂，蜂数要密集，并且要蜂脾相称或蜂多于脾，巢内饲料充足。用隔王板将蜂王隔在巢箱内形成繁殖区，而将育王框放在继箱内组成育王区。育王区内放2张幼虫脾，2～3张封盖子脾，外侧放2～3张蜜粉脾，育王群接受的王台数每次不宜超过30个。若在夏季育王应做好防暑降温工作，处女王羽化出房的前1天，将成熟王台分别诱入各个交尾群。

大卵育王

蜂王初生重与产卵力之间呈明显的正相关，卵的大小与由它发育成的蜂王的质量之间有着密切的关系。用大卵孵化出的幼虫培育处女王，该处女王的初生重也大。用同一只蜂王产的卵育成的处女王，初生重大的，其卵巢管数目较多，并且其交尾成功率也较高，产卵量也较高。

卵的大小与蜂王的产卵速度有关。蜂王产卵速度快时，卵的重量就会减轻，卵就会变小。因此，只要限制蜂王的产卵速度，便可获得较大的卵。

在移虫前10天，用框式隔王板将母本蜂王限制在蜂巢的一侧。在该限制区内放一张蜜粉脾、一张大幼虫脾和一张小幼虫脾，每张巢脾上都几乎没有空巢房，迫使蜂王停止产卵。在移虫前4天，再往限制区内加进一张已产过1～2次卵的空巢脾，让蜂王产卵，便可获得较大的卵。

另一种方法是用蜂王产卵控制器限制蜂王产卵。在移虫前10天，将母本蜂王放入蜂王产卵控制器内，再将控制器放入蜂群中，迫使蜂王停止产卵。在移虫前4天，用一已产过1～2次卵的空脾换出控制器内的子脾，让蜂王在这张空脾上产卵，也可产出较大的卵。

（5）移虫。先将育王框放进育王群内，让工蜂清理数小时后，再进行移虫。移虫工作最好在室内进行，室温应保持在25～30℃，相对湿度为80%～90%。

移虫分为单式移虫和复式移虫两种。

单式移虫：将经工蜂清理过的育王框从蜂群中提出，拿入室内；再从母群中提出事先准备好的卵虫脾（产卵后第4天的巢脾），再用移虫针将12～18小时虫龄的幼虫轻轻沿其背部挑出来，移入人工王台基内，使幼虫浮于王台基底部的王浆上，放回育王群哺育。

复式移虫：将经过育王群哺育了1天的育王框从育王群中取出，用镊子将王台中已接受的小幼虫轻轻取出来丢弃掉，重新移入母群中12~18小时虫龄的幼虫，再将育王框重新放进育王群中进行哺育。第一次移的小幼虫不一定是母群中的，但第二次复移的幼虫必须全是母群中的的小幼虫。及时检查蜂王的接受和发育情况。

（6）交尾群的管理。交尾群是为处女王交尾而临时组织的群势很弱的小群。根据待诱入的成熟王台数量来组织相应数量的交尾群，并最迟于诱入王台的前一天组织好。交尾箱巢门上方蜂箱外壁上，应分别贴以不同颜色、不同形状的纸片作标志，以便蜂王在交尾回巢时能识别其交尾箱（图6-8）。交尾群的群势不应太弱，至少应有1框足蜂，否则，很难保证蜂王正常产卵。

移虫 → 分台 → 检查处女王出房 → 检查新王产卵

（1日龄） （12日龄） （13日龄） 出房10天

图6-9 交尾群管理日程

蜂王发育期：卵期3天，幼虫期5天，蛹期8天。

在移虫的第11天（即处女王羽化出房的前一天）诱入王台，每个交尾群中诱入一个，轻轻嵌在巢脾上，并夹在两块巢脾之间。王台诱入后的第2天，应全面检查处女王出房情况，将坏死的王台和瘦小的处女王淘汰，补入备用王台。王台诱入后5~7天，若天气晴好，处女王便可交尾；交尾2~3天后，便开始产卵。因此在诱入王台后的第10天左右，全面检查交尾群，观察其交尾产卵情况（图6-9）。

（7）蜂王的选择。选择蜂王时，首先从王台开始，选用身体粗壮、长度适当的王台。出房后的处女王要求身体健壮，行动灵活。产卵新王腹部要长，在巢脾上爬行稳而慢，体表绒毛鲜润，产卵整齐成片。一般1年左右就应更换。

3. 人工授精

蜂王人工授精技术是一种用人工的方法给蜂王配种的技术。

（1）仪器设备。蜂王人工授精所需的仪器设备主要有：蜂王人工授精仪（图6-10）、体视显微镜、二氧化碳源（图6-11）以及其他一些用品。蜂王人工授精仪由两组部件构成：一组是用于固定蜂王的，包括蜂王麻醉管、背钩（整针钩）拉杆及背钩、腹钩拉杆及腹钩；另一组是用于输精的，包括注射器及其针头，推进器；此外还有阴道探针。

图6-10　蜂王人工授精仪（王星摄）

图6-11　CO_2钢瓶（王星摄）

（2）操作程序。蜂王人工授精的操作程序包括：处女王及种用雄蜂的准备、缓冲液的制备、器械消毒、取精、注射（输精）、催产等。

先应按育王或育种计划，培育种用雄蜂和处女王；种用雄蜂和处女王羽化出房3～4日后，应分别将雄蜂哺育群和核群的巢门挡以隔王栅，以防止其出巢交尾；在雄蜂被幽闭3～4日后，若天气晴暖，每天中午至下午，还应将雄蜂哺育群的箱盖打开，在其蜂箱上叠加一个雄蜂飞翔笼，让雄蜂在笼内飞翔、排泄，以促使其性成熟。处女王羽化出房后7～14天，是进行人工授精的最佳时间；雄蜂羽化出房后12～14天便可用于取精。

缓冲液的配方有很多，最简单的一种是氯化钠葡萄糖缓冲液：将0.85克氯化钠和0.50克葡萄糖溶于100毫升蒸馏水中即可。缓冲液配好后，应放于阴凉处保存。

在进行人工授精以前，一定要将背钩、腹钩、阴道探针等用酒精消毒，将注射器针头煮沸消毒。一切准备工作就绪后，即可进行取精和注射，即人工授精。

取精：用雄蜂飞翔笼将雄蜂由哺育群中取出，带回人工授精室，让其在笼内飞翔5～10分钟后，即可用手指挤捏法使其内阳茎外翻、排精，精液呈米黄色，然后在体视显微镜下取精。吸取8～10微升精液后，即可将处女王放入蜂王麻醉管中，通入二氧化碳进行麻醉，准备注射。

注射：在体视显微镜下，用背钩和腹钩打开处女王的螫针腔，显出阴道口，调整注射器位置，使针状对准阴道口；用阴道探针压住阴道瓣突；将注射器针头插入阴道，并退出阴道探针；继续推进针头，至螯针腔底部的组织即将下陷为止；将精液注入阴道内。

注射完毕后，将蜂王从麻醉管中取出，剪去一侧前翅的一部分，进行胸背标记，放回原群。

催产：注射后的第2～3天，每天傍晚以前，用二氧化碳将该人工授精王处理5～10分钟，以促使其提早产卵。自人工授精之日起，6～7天后，蜂王即可产卵了。

4.我国养蜂生产中使用的蜂种

在养蜂业中蜂，意蜂、卡蜂等蜜蜂品种，是在大自然的干预下形成的，是长期自然选择的结果，蜜蜂的品种实际上就是地理亚种。

中华蜜蜂：我国除新疆外，其他各地均有分布，以南方丘陵、山区为多。

意大利蜂：是我国养蜂生产上的当家品种。我国饲养的意蜂分为本意（中国蜂）、原意、美意、澳意等品系，以及浙江平湖、萧山一带的"浆蜂"。

卡尼鄂拉蜂：我国现有卡蜂和以卡蜂血统为主的蜜蜂50万群，北方的只生产蜂蜜的蜂场，除黑龙江、吉林、新疆的局部地区外，大多喜欢饲养卡蜂。

东北黑蜂：主要饲养于我国东北的北部地区，集中于黑龙江东部的饶河、虎林一带，是欧洲黑蜂和卡蜂的过渡类型，并在一定程度上混有高加索蜂和意蜂的血统。产育力较强，春季群势发展快，分蜂性弱，采集力强，善于利用零星蜜粉源，越冬性强，盗性弱。

新疆黑蜂：又称伊犁黑蜂，集中分布于新疆的伊犁、塔城等地。其形态特征、生物学特性和生产性能与欧洲黑蜂相同。

近年来，经过养蜂工作者的不懈努力，采用杂交、定向选育等方法，培育出萧山、平湖、白山5号、浙江农大1号、国蜂213等的高产蜂种。

杀人蜂：1956年，巴西遗传学家Kerr博士从南非、坦桑尼亚引进数十只非洲蜜蜂（*Apis mellifera scutellata*）蜂王，在巴西的圣保罗大学进行试验，目的是想为巴西培育更好的蜜蜂品种。可惜在1957年，有位来访的养蜂人擅自把防止蜂王逃跑的隔王栅取掉，有26只蜂王带工蜂逃走，这就是所谓非洲化蜜蜂的起源。非洲蜜蜂与当地饲养的欧洲蜜蜂杂交，其杂交后代即为非洲化蜜蜂。由于非洲化蜜蜂性情暴烈、追击人畜，常造成伤亡事故，因而称之为"杀人蜂"。

非洲化蜜蜂体现母系遗传，对热带气候和地理环境具有顽强的适应能力，扩散速度极快，许多家养蜂群很快被非洲化。非洲化蜜蜂在南美洲迅速扩散，又冲过巴拿马运河，1985年到达墨西哥，然后在美国肆虐。非洲化蜜蜂严重影响了美国养蜂业，不断伤及人畜，又有杀人蜂电影问世，非洲化蜜蜂成为名副其实的"杀人蜂"。也许，只有北方寒冷的冬季才能阻挡非洲化蜜蜂的北上了。

在巴西，非洲化蜜蜂已经给养蜂业带来了很大损失。巴西人经过初期的惶恐，逐步掌握了非洲化蜜蜂的生物学特性，并确立了一套蜂群管理方法。比如，蜂群远离人畜、保持安静、晚间操作、加强防护、熏烟等。由于非洲化蜜蜂采集积极，抗病力强，巴西养蜂业迅速恢复，现在已经是美洲的产蜜大国。Kerr博士因引进非洲蜜蜂饱受争议，他的声誉也是在"流浪汉与救世主"之间徘徊，但他的科学研究已经成为巴西人的宝贵财富。

杀人蜂在不同国家概念不同。近年来，胡蜂蜇人致伤、致死的恶性事件在我国多个省份屡有报道。特别是2013年，陕西发生了1 685人被蜇伤，42人死亡的惨剧，在国内外再次引起强烈反响，胡蜂也随之背上了"杀人蜂"的恶名，让许多人"谈蜂色变"。

绝大多数胡蜂为肉食性，成虫多捕食多种昆虫。胡蜂危害柞蚕养殖和养蜂业，却又是农林害虫的天敌，胡蜂在医学领域也有一定意义，胡蜂蛹还是人们的美食（图6-12）。胡蜂在我国南方地区已经成功地实现人工饲养，以满足中国人"舌尖上的需求"（图6-13）。

图6-12　胡蜂蛹

图6-13　胡蜂的人工养殖（农春和摄）

5. 出售蜂王、蜂种的单位

中国农业科学院蜜蜂研究所育种中心，吉林省蜜蜂育种场，辽宁蜜蜂原种场（东北型中华蜜保种单位），浙江大学动物科学院蜂业研究所，山东省实验种蜂场，东北黑蜂原种场，江西省种蜂场，浙江沈育初蜂场等。

第七章 中蜂饲养

一、中蜂饲养管理要点

饲养中蜂与饲养西方蜜蜂的管理技术基本相同，但是中蜂具有蜂王产卵量较少、群势较小、分蜂性较强、抗巢虫力差等弱点，要采取管理措施加以克服。

中蜂习性

中蜂的习性是在长期进化过程中形成的，与西方蜜蜂差异较大。活框饲养中蜂如果完全照搬西方蜜蜂的管理方法，可能会适得其反。中蜂习性具体表现为"四差一怕"。"四差"即抗囊状幼虫病能力差，应保持强群，保持蜂多于脾，培育抗病蜂王尤其重要；抗巢虫能力差，中蜂爱咬旧脾造新脾，蜂箱内积存蜡屑，容易滋生巢虫，注意及时清理箱底蜡屑；恋巢性差，发生饥饿或疾病时易飞逃，取蜜时要给蜂群留下充足的饲料；定位差，蜂箱要分散摆放，防止迷巢。

"一怕"是怕震动，中蜂受震动易离脾，多做箱外观察和局部检查，没有特殊情况不做无目的开箱检查，尽量减少对中蜂的干扰。中蜂长期生活在野生或半野生状态下，要求生态环境荫蔽、安静。切忌阳光暴晒、人畜干扰。蜂箱要严密、能保温、保湿、保持黑暗。

饲养中蜂注意事项如下。

①防盗蜂。中蜂个体小，爱作盗，不宜和西方蜜蜂同场饲养。巢门最好采用中蜂能自由出入，而西方蜜蜂不能进入的防盗巢门。

②造新脾。有蜜源时，加巢础框造新巢脾，淘汰老巢脾。蜂群越冬时，将新巢脾放在蜂巢中央部位。经常打扫箱底，保持蜂巢整洁，预防巢虫危害。

图7-1　辽东山区桶养中蜂（王星摄）　图7-2　活框饲养东北型中华蜜蜂（王星摄）

③控制分蜂热。中蜂的分蜂性强，使用新蜂王，多造巢脾，生产雄蜂蛹，都能抑制分蜂热的发生。个别蜂群造了有卵王台时，可以分成几个交尾群，可将群势不好的蜂王淘汰，将其合并到选留蜂王的交尾群。在蜂箱上安装巢门隔王片。发生自然分蜂或蜂群飞逃时，由于蜂王被阻不能出巢，蜜蜂不得不返回，还可避免多个蜂群同时分蜂、飞逃。没有巢门隔王片时可以剪去蜂王一个前翅的1/3。

桶养还是活框饲养？

桶养中蜂蜂蜜产量低，但消费者认同度较高，价格也比较高，每千克几百元的价格确实很诱人。很多消费者坚持认为，只有桶养的土蜂（野山蜂）才能产出真蜂蜜。有一部分消费者已经被"假蜂蜜"吓破胆了，还有部分人不差钱。因此，许多消费者不惜驱车几十公里深入山村去购买桶养中蜂蜜。在有些地方，甚至将蜂桶集中固定在悬崖峭壁之上，中秋节前后攀岩割脾取蜜，吸引消费者前来参观、买蜜，售价奇高，养蜂者收入倍增，也是一道亮丽的风景线。在山区的房檐下、大树旁、庭院中、草丛里错落有致的原始蜂桶，蔚为壮观，山中木桶成为"绿色提款机"（图7-1）。而且桶养节省人力、物力。我国各地蜜源条件、养蜂者的文化程度、对新技术的学习和掌握能力不同，如果全面推广活框饲养（图7-2），有时会适得其反。因此，养蜂者应根据自身条件，选择适合自己的生产方式，"黑猫白猫，抓住耗子才是好猫"。

（一）桶养

它也称土法饲养，利用木桶等简单的饲养工具，基本不进行管理，蜂群在蜂桶内自由发展的一种饲养方式。一般每年秋季取蜜一次，产量较低。蜂桶饲养有卧式蜂桶、竖立式蜂桶和方格式蜂桶等不同的方式。桶养看不到蜂群内部的具体情况，只能通过桶外观察判断蜂群的强弱、贮蜜、分蜂、疾病等情况。

图7-3　不同样式的蜂桶（王星摄）

中蜂叠加式仿生蜂箱。

辽东地区推广应用丹东市宽甸县畜牧技术推广站研制的"中蜂叠加式仿生蜂箱"收到良好效果，根据蜂群发展状况，逐渐叠加蜂箱（图7-4，图7-5）。优点是：使用仿生蜂箱开箱次数少，符合中蜂生活习性；取蜜不伤子脾，提高了蜂蜜产量（图7-6，图7-7）；通过叠加蜂箱，便于管理，可以有计划地人工分蜂；蜂箱设蜜蜂出入门和观察门，可以清理蜡屑以防巢虫危害，在缺蜜时可以打开观察门饲喂，不盗蜂。既适合业余养殖，又适合专业规模化养殖（图7-8，图7-9）。

图7-4　分散摆放的中蜂群（王星摄）　　图7-5　叠加式仿生蜂箱（王星摄）

图7-6　打开活节蜂箱（王星摄）

图7-7　割取成熟蜜（王星摄）

图7-8　天然成熟（王星摄）

图7-9　中蜂格子蜜（王星摄）

（二）活框饲养

活框饲养借用西方蜜蜂的饲养管理模式饲养中蜂。采用活框饲养的好处是便于蜂群的管理，可以人为控制中蜂的繁殖生产，有利于蜂群发展和疾病预防，增加蜂产品产量，经济效益较土法饲养高。活框饲养虽然优点比土法饲养多，技术要求也很高。

中蜂囊状幼虫病抗体：饲养中华蜜蜂的最大威胁是中蜂囊状幼虫病。辽宁省动物卫生监督管理局兴城办事处（原辽宁蜜蜂原种场）与锦州医科大学合作共同研发了中蜂囊状幼虫病抗体。初步解决了中蜂囊状幼虫病无药可治的难题，中蜂囊状幼虫病得到有效遏制。

中蜂过箱技术如下。

1. 过箱前准备

过箱是将桶养的中蜂群移入活框蜂箱饲养，这是活框饲养中蜂的第一步。过箱会损失一些虫蛹、巢脾和蜜粉饲料，对蜂群的正常生活有很大干扰。因此，应选择至少有3~4框蜂、2~3框子脾的蜂群，在辅助蜜源丰富、气温在20℃以上的条件下过箱，以减少盗蜂发生，过箱后蜂群容易恢复发展。

图7-10 中蜂过箱

（1）蜂箱和工具。准备好标准蜂箱，巢框穿好铁丝。使用的工具包括：承放巢脾的平板、埋线器、临时收容蜜蜂的竹笼或斗笠；其他还有喷烟器、起刮刀、面网、割蜜刀、钳子、细铁丝、图钉、脸盆、桌子、毛巾等。

（2）调整蜂群位置。对于悬在屋檐下或其他不适当地方的蜂窝，逐日下放或移动20～30厘米，移到便于操作或日后饲养的地方。对于无法移动的墙洞蜂或土窝蜂，在过箱后再逐步移动。

（3）过箱时间。春、秋季在晴暖无风的中午、夏季炎热时期在黄昏时过箱。为了避免盗蜂和气候的影响，也可以在夜晚于室内过箱。室温保持在20～30℃，用红光照明。

2.过箱操作

老式蜂窝各式各样，木桶、竹笼饲养的中蜂宜采取翻巢过箱的方法，墙洞蜂或土窝蜂则采取不翻巢过箱的方法。翻巢过箱就是将蜂巢翻转180°，使蜂巢的下端朝上，这样操作方便。凡是蜂窝可以翻转、侧板和底板可以拆下的都采取这种方法。过箱时，最好2～3个人共同协作，便于脱蜂割脾，绑脾，再将绑好的巢脾放入蜂箱。

（1）翻转蜂窝。首先向蜂桶下端的巢门喷入少量的烟，然后使蜂桶内的巢脾纵向与地面保持垂直，顺势把蜂窝慢慢翻转过来，放在原来位置一旁。将收容蜜蜂的竹笼或斗笠紧靠在蜂窝上，用木棒从蜂窝下端向上轻轻敲打，或用淡烟驱赶，引导蜜蜂向上集结在竹笼中。待大部分蜜蜂进入笼内。将收蜂笼放在原来位置的附近，用瓦片将它稍微垫高一些，使飞回的蜜蜂进入笼内。对于横卧式的竹笼蜂窝，同样将它翻转，使其下部朝上，拆除两端侧板，从一端喷烟，将蜜蜂驱赶到另一端，用斗笠收容蜜蜂。

（2）割取巢脾。用刀顺巢脾基部切下，用承脾板或手掌托住出，不使巢脾折裂。将子脾分别放在平板上，不可重叠放置，不要沾染蜂蜜，接着将它们安装在巢框内。首先抓紧处理子脾，将上部的贮蜜按直线切下。1个巢框最好只安装1个子脾，安装端正，绑扎牢靠。

（3）安装巢脾。根据巢脾的情况，分别采取不同的绑脾上框法。

插绑：已经培育过多代蜂子的黄褐色子脾，适合采用插绑的方法。将子脾裁切整齐，套上巢框，上端紧贴上框梁，用小刀顺着框线划脾，深度以接近巢房底为准，再用埋线棒将框线压入房底，把子脾固定在框梁上。

吊绑：新巢脾用吊绑方法安装在巢框内。用厚纸板托在脾下缘，以细铅丝吊在框梁上。

钩绑：经过插绑或吊绑的巢脾，如果下部偏歪，则以钩绑纠正。用细铅丝一端拴一小片硬纸板，从巢脾歪出的部位穿过，在另一面轻轻拉正，再用图钉把铅丝固定在框梁上。

夹绑：大块整齐的蜜粉脾或子脾，经过切割使巢脾上紧接巢框，压入框线后，用竹条从两面把巢脾夹住、绑牢。

绑好的子脾立刻放入箱内，大的放在中央，小的依次放在两侧，保持8毫米左右的蜂路。如果蜂多脾少，可加巢础框，外侧加隔板。

（4）移蜂上脾。将放入巢脾的蜂箱放在原来的位置，巢门方向不变，打开巢门，在起落板前斜靠一块木板。将收蜂笼提到木板上方约30厘米高处猛振数下，将蜂团振落到斜板上，蜜蜂便顺木板爬入箱内巢脾。集结在巢门外的小团蜜蜂，可用蜂扫催赶。

（5）不翻巢过箱。在墙洞内的蜂窝无法翻转，可首先取下它的护板，接着喷烟驱赶蜜蜂离脾，依次把巢脾割下，安装在巢框上，放入墙洞引导蜜蜂上脾。傍晚再连脾带蜂提入蜂箱，同时把墙洞封住。也可以将镶好的巢脾放入蜂箱，将蜂团收入竹笼，然后抖入蜂箱。

（6）借脾过箱。如果有活框蜂箱饲养的中蜂时，最好借用它们的子脾过箱，而将新安装绑好的子脾交给它们修整。

中蜂过箱注意事项如下。

过箱操作要轻、快、稳。割脾、驱蜂、抖蜂时，注意观察蜂王。箱外有集结的蜂团，要察看其中是否有蜂王。若发现蜂王，捉住它的翅膀，放入蜂箱内的巢脾上。过箱主要是保留子脾和少量蜜粉脾，淘汰老巢脾。过箱以后将现场清理干净。淘汰的巢脾及时化蜡。过箱后，缩小其巢门至8～10毫米，防止盗蜂。

保持每个巢脾上部有贮蜜，贮蜜不足每天傍晚进行奖励饲喂，促进蜜蜂修整巢脾和刺激蜂王产卵。过箱的第二天进行箱外观察，看到蜜蜂采集正常、积极清除死虫和蜡屑，就表明蜂群已经接受了新巢，恢复了正常生活。过箱3天后进行全面检查。巢脾已经粘牢的可以除去绑缚物，纠正偏斜的巢脾，清扫箱底蜡屑污物。如果蜂群丧失了蜂王，选留改造的王台或诱入蜂王，或与其他蜂群合并。

二、野生中蜂的诱捕

我国各地的山林蕴藏着大量的野生中蜂，对其进行收捕，改良饲养，对发展养蜂事业有重要意义。

诱捕野生中蜂是在适于它们生活的地方放置空蜂箱，引诱分蜂群或迁飞的中蜂自动飞入。诱捕时需要掌握以下几个环节。

1. 选择地点

引诱野生蜂群，应选择在蜜粉源比较丰富、附近有水源、朝阳的山麓或山腰、小气候适宜、目标明显的地方放置蜂箱。

2. 掌握时机

在蜜蜂的分蜂季节诱捕成功率高。北方4—5月份和南方11—12月份是诱捕中蜂的适宜时期。南方亚热带地区8—9月份蜜源稀少，野生蜂群有迁飞的可能，也适于收捕。

3. 准备蜂箱

新蜂箱除去木材的气味，内壁涂上蜂蜡。箱内放3～5个上了铅丝和窄条巢础的巢框，两侧加隔板，并用干草填满箱内空隙。巢门宽8毫米。将巢框和隔板用小钉固定，钉上副盖，盖上大盖。蜂箱放在背靠岩石或树身处，并用石块将蜂箱垫离地面。附有蜡基的旧蜂桶具有蜜蜡气味，适宜用来引诱野生蜂群。

4. 经常检查

在分蜂季节，每3天检查1次。久雨初晴，及时察看。发现野生中蜂已经进入，待傍晚蜜蜂归巢后，关上巢门，搬回饲养。

三、中蜂饲养管理

（一）蜂箱排列

蜂群排列方法应根据场地大小、饲养方式而定，以管理方便、便于蜜蜂识别蜂箱的位置为原则。摆放蜂箱时蜂箱左右保持平衡，后部稍高于前部，以防止雨水流入。蜂箱排列时，将蜂箱支离地面300～400毫米，以防蚂蚁及蟾蜍为害。

中蜂蜂箱应依据地形、地物尽可能分散排列；各群的巢门方向，应尽可能错开。饲养少量的蜂群，可选择在比较安静的屋檐下或篱笆边作单箱排列。在山区，利用斜坡布置蜂群，可使各箱的巢门方向、前后高低各不相同。在蜂箱前壁涂以黄、蓝、白、青等不同颜色和设置不同图案方便蜜蜂认巢。中蜂和意蜂不宜同场饲养，尤其是缺蜜季节，西方蜜蜂容易侵入中蜂群内盗蜜，严重时引起中蜂逃群（图7-11，图7-12）。

图7-11　桶养中蜂（王星摄）　　　图7-12　活框饲养的中蜂（王星摄）

中蜂和意蜂同场饲养，最终受害者往往是中蜂。北京房山区蒲洼乡，突然出现大量中蜂被盗，并伴有蜂王离奇死亡事件。中国农业科学院蜜蜂研究所杨冠煌研究员在《蜂王之死》专题片中，对此进行了细致研究。在排除胡蜂、蜂螨等因素后，最后聚焦在附近的意蜂身上。平时中蜂也有守卫，就连强壮的胡蜂也难以攻入蜂巢，为什么意蜂会轻而易举地得手？研究发现，中蜂可能是根据声音判断敌我，意蜂的工蜂振翅频率与中蜂的雄蜂相似，中蜂的守卫蜂误把敌人当亲人，轻而易举地把意蜂放进来了。而几只意蜂到中蜂王国混吃混喝，演出了一场荆轲刺秦王的好戏，寻找机会刺死中蜂蜂王。然后，乘着中蜂蜂群内部混乱之机，招引同伴，盗抢贮蜜。小小蜜蜂居然相继用了"瞒天过海""擒贼擒王""趁火打劫"的招法，让中蜂无法招架。有空可以看看蜜蜂王国的侦探片。

（二）盗蜂的防止

中蜂嗅觉灵敏，搜索蜜源能力强。当蜜粉源缺乏时，比西方蜜蜂更容易发生盗蜂。

平常检查蜂群时，动作要快，时间要短，少开箱；饲喂蜂群时，勿使糖汁滴落箱外；抽出的巢脾，应放在密闭的空箱内严加保管，切勿暴露在外；在繁殖期和蜜源缺乏的时期，应适当缩小巢门至大小1～2只蜜蜂能出入，封堵蜂箱缝隙，防止作盗蜂侵入，也可使用圆孔巢门，并根据群势、蜜粉源及天气条件，决定圆孔的开放数目；流蜜后期，群内要留有足够的饲料，并保持蜜蜂密集；与意蜂同场地采蜜时，应提前离场。中蜂盗蜂识别与制止与意蜂相似，在此不再赘述。

（三）防止中蜂的逃群

1.防止逃群的方法

平常要保持蜂群内有充足的饲料；蜂群内出现异常断子时，应及时调幼虫脾补充；平常保持群内蜂脾比例为1∶1，使蜜蜂密集；注意防治蜜蜂病虫害；采用无异味的木材制作蜂箱，新蜂箱采用淘米水洗刷后使用；蜂群排放的场所应僻静、向阳，无蟾蜍、蚂蚁侵扰；尽量减少人为惊扰；蜂王剪翅或巢门加装隔王栅片。

2.中蜂逃群的处理

逃群刚发生，但蜂王未出巢时，立即关闭巢门，待晚上检查和处理（调入卵虫脾和蜜粉脾）；当蜂王已离巢时，按收捕分蜂团的方法收捕和过箱；捕获的逃群另箱异位安置，并在7天内尽量不打扰蜂群（图7-13）。

图7-13 收捕分蜂团（王星摄）

3."乱蜂团"的处理

当出现集体逃群的"乱蜂团"时，初期关闭参与迁飞的蜂群，向关在巢内的逃群和巢外蜂团喷水，促其安定。准备若干蜂箱，蜂箱中放入蜜脾和幼虫脾。将蜂团中的蜜蜂放入若干个蜂箱中，并在蜂箱中喷洒香水等来混合群味，以阻止蜜蜂继续斗杀。在收捕蜂团的过程中，在蜂团下方的地面寻找蜂王或围王的小蜂团，解救被围蜂王。用扣王笼将蜂王扣在群内蜜脾上，待蜂王被接受后再释放。收捕的逃群最好移到2～3千米以外安置。

4. 防止"冲蜂"

蜂群迁飞起飞之后，因蜂王失落，投入场内其他蜂群而引起格斗的现象，称为"冲蜂"。会使双方大量死亡。当出现这种情况时，应立即关闭被冲击蜂群的巢门，暂移到附近，同时在原地放1个有几个巢脾的巢箱。待蜂群收进后，再诱入蜂王，搬往他处，然后把被冲击群放回原位。

（四）工蜂产卵的处理

一旦发现工蜂产卵，即应及早诱入成熟王台或产卵王，加以控制（图7-14）；将出现工蜂产卵的蜂群拆散，合并到有王群。合并时应将工蜂产卵群蜜蜂放在有王群箱内离隔板远一些。经上述方法处理后，产卵工蜂会自然消失。但对于不正常的子脾必须进行处理，已封盖的，应用刀切除，幼虫可用分蜜机摇离，卵可用糖浆灌泡后让蜂群自行清理。

图7-14　中蜂工蜂产卵（王星摄）　　　　图7-15　蜂王正常产卵（王星摄）

（五）中蜂人工育王

中蜂人工培育蜂王与意蜂培育蜂王的操作方法基本相同。中蜂群失去蜂王容易出现工蜂产卵，因此通常采用有王群育王。最好利用健康强壮的、有分蜂趋势的老蜂王群作育王群。中蜂蜂王在婚飞期间与多只雄蜂交尾，才能充分受精，在进行移虫育王的15天以前，首先要培养大量的适龄雄蜂。中蜂工蜂分泌和饲喂蜂王幼虫的王浆少，每次培育蜂王，移虫数量以20只左右为宜。

饲养中蜂宜在自然分蜂期到来以前的10～15天培育出新蜂王，用新蜂王更换衰老的蜂王或进行人工分蜂。育王群宜选用具有1年以上蜂王的强群，将蜂王剪翅，通过奖励饲喂、补助封盖子脾等办法，将其提早培养成7足框蜂以上的群势，促使其产生分蜂趋势。用框式隔王板将蜂巢分隔成4～5框的有王繁殖区和3～5框的无王育王区。使育王区有3～4框带有蜜粉的子脾，中间的2框子脾要有较多的幼虫，使育王区有较多的哺育蜂。对种用母群也加强管理，奖励饲喂蜜粉饲料，以增加泌浆量，使幼虫得到丰富的饲料，也便于移虫。

育王时可把一个子脾的下边切去一条宽30～50毫米的巢脾，在巢框上嵌上一根活动的王台板条，改造成一个简便的育王框。在移虫前2小时，将粘上蜡碗的王台板条安装在育王框上，加在育王群的育王区中部。蜡碗内径8毫米左右、深10毫米。蜡碗集中粘在王台板条的中段，蜡碗间距10毫米。蜜蜂清理修整蜡碗2小时后即可进行移虫，也可以将每个蜡碗粘在三角形铁片上，移入幼虫以后分别插在育王区的一个子脾上，王台封盖后移动比较方便。在移虫前一天或当日清晨，仔细检查育王群的无王区，割除自然王台。

四、中蜂四季管理

（一）春季管理

1.早春检查

蜜蜂经过越冬之后，要进行排泄飞行，才能把积存在后肠中的粪便排泄干净。在外界气温达8℃以上，晴暖无风时进行。室外越冬的蜂群可取下保温物，让阳光直射蜂箱，促使蜜蜂出巢飞翔。室内越冬的，把蜜蜂搬到室外，为其飞翔创造条件。在蜂群排泄时，要注意防止蜜蜂飞偏巢。对于不正常的蜂群要立即开箱检查，或标上记号，抓紧处理。蜜蜂排泄之后，恢复蜂箱上的保温包装（图7-16）。

检查后，针对蜂群不同情况采取不同的管理措施：群势不强，组织双王同箱饲养；巢内缺蜜，补给蜜脾或进行补助喂饲；巢脾如已形成穿洞，可用小刀修理，工蜂会向下造脾；巢脾过多，抽出存放，使蜂多于脾；蜂群无王，立即合并；用起刮刀清除出箱底的蜡渣；及时翻晒保温物。

检查的动作要轻、快，时间要短，抽出的巢脾应立即保存好，不要把巢脾放置在箱外。早春检查宜在中午进行。注意防止盗蜂（图7-17）。

2. 包装保温

包装分为外包装和内包装。外包装主要是用草帘等保温物在蜂箱下面、后面、侧面进行保温包装，寒冷的地区在蜂箱的后面和两侧及箱与箱之间再添加一些干草。对于弱群还须进行箱内保温，如在隔板与蜂箱侧壁之间的空隙处填满保温物进行内包装。

春季气温低，外界气温变化大，蜂群育儿需要34～35℃的稳定巢内温度，如果保温不好，子圈不易扩大，幼虫也常被冻死。工蜂为了维持育虫的温度，要消耗大量的饲料，容易造成饲料不足和工蜂早期衰老。

较弱的蜂群，可把它们组成双王群同箱饲养；这是增高巢温、加速恢复和发展群势的一种有效措施。具体做法是：把相邻的两群提到一个蜂箱内，用闸板隔开。两群的子脾、产卵空脾靠近中间的隔板，蜜脾放在最外边，巢门开在蜂箱的两边。双王群保温好，繁殖快，又省饲料。如果双王群是强弱搭配，则可以互相调整子脾。

图7-16　活框饲养早春繁殖（王星摄）

图7-17　巢门加挡板，预防盗蜂（王星摄）

温度高时适当放大巢门，天冷和夜间缩小巢门，对蜂群的保温能起很大的作用。做到蜂多于脾，并及时针对蜂群的饲料状况给以饲喂。遇到长期恶劣天气，工蜂难以采回花粉时，应给蜂群补充花粉。

3. 扩大产卵圈

在春季，不能用取蜜的方法扩大产卵圈。如果产卵圈偏于巢脾一端或受到封盖蜜限制，而工蜂的数量足够，气候良好时，可将巢脾前后调头。一般应先调中间的子脾，然后调两边的子脾。如果中间子脾的面积大。两边子脾小，则可将两边的调入中央，待子脾面积布满全框，可将空脾依次加在产卵脾外侧与边脾之间。如果产卵圈受到封盖蜜包围，应逐步由里向外，分几次割开蜜盖。

在春繁开始后，一般不做全面检查，只做局部检查。主要了解饲料情况、蜂王产卵情况及蜂儿发育情况。加第1张脾不要太早，一般当蜂群内巢脾全部成为子脾，面积达到70%以上，封盖子占子脾数一半以上，仍然蜂多于脾，隔板外面约有半框蜂，可以加脾。以后，每当所加的巢脾上子圈面积达到底部时，则可继续加脾，随着外界蜜粉源的逐渐增多，加脾速度可酌情加快。

随着外界气温逐渐升高，蜂群日益强大，箱内保温物，随着群势的发展和蜂巢的扩大（加脾）逐步撤出。如果夜晚巢外有许多蜜蜂振翅扇风或聚集成团而不进去，则表明巢内温度过高，要逐渐撤去外包装，当外界最低气温稳定在15℃以上时，撤去箱外包装。

4.育王分群

在主要蜜源到来的1个月前就应人工育王。选样场内有4框蜂以上的蜂群作育王群。人工育王的王台被接受后10天左右进行人工分群，春季采用平均分群方法较合适。如果原群较弱，外界气温较低，可以在原群的箱内中间加闸板，分出群在闸板另一侧，并开侧巢门，处女王交尾成功后，进行双王同箱饲养，及时人工分群，可以控制分蜂热的产生。

加础造脾：处女王交尾成功后，立即加础造脾，一般用2/3的础片供蜂群造脾较好。原群中已出现赘脾或工蜂较密集时，也应加础造脾。蜂群造脾时应进行奖励饲喂，适当保暖有助于工蜂快速造脾。

（二）流蜜期管理

1.组织采蜜群

由于中蜂具有强烈的分蜂性，而强群更容易引起分蜂热，若得不到及时消除，采蜜量就会显著下降。所以，在组织强群采蜜时，必须及时控制和消除分蜂热。其采蜜群势，以不产生分蜂热为限度。由于各地蜂群所能维持的群势不同，因此采蜜的群势也不一样，常变动在5~15框。

（1）双王同箱蜂群的组织。

①用12框以上的横卧箱饲养的双王群在初花期应改组成单王采蜜强群，把1

个子脾、1个空脾、1个巢础框、1只蜂王，连同1～2足框工蜂隔在蜂箱一侧，作为繁殖群，而将其余的蜜蜂和巢脾合成9框以上的采蜜群。

②用朗氏十框箱饲养的双王群在初花期应改组成单王采蜜强群，将1个蜂王连脾带蜂提出，外加1个空脾或巢础框，另置1个蜂箱中作为繁殖群，原群作为采蜜群。

③用中蜂十框箱饲养的双王群在初花期，将闸板移到箱内一侧，隔出1个2框区，把1个蜂王连脾带蜂提出，外加1个空脾或巢础框放入该区作为繁殖群。另一群群势得到加强作为采蜜群。

（2）单王群采蜜群的组织。

①补充老熟蛹脾或幼蜂：在流蜜期前20天左右，从其他蜂群抽调老熟蛹脾补充；或在流蜜期前15天，从其他蜂群抽调幼蜂补充。

②合并飞翔蜂：在大流蜜开始后，将相邻2箱蜜蜂中的1箱搬离数米另外放置，让该群的飞翔蜂投入原先相邻的另1群蜂中，使该群蜂采集蜂大量增加，形成强大的采蜜群。采取这种方法组成采蜜群，必须在大流蜜开始后进行，否则容易引起围王。

2.培育适龄采集蜂

工蜂从卵到成虫需要3个星期，羽化出房后2～3个星期才能从事外勤工作。根据工蜂的发育日期和开始出勤采集的日龄来计算，从主要蜜源植物开始流蜜前40～45天，直到流蜜结束之前35天羽化出房的工蜂都是适龄采集蜂。

控制和消除分蜂热

（1）提早取蜜。在流蜜初期，提早采收封盖蜜，能够促进工蜂采蜜的积极性，使蜂群维持正常的工作状态。

（2）适当增加工蜂的工作量。遇到连续的阴雨天，采集活动受到影响时，大量的工作蜂怠工在群内，极易产生分蜂热。在这种情况下，可采取奖饲，加础造脾，或把繁殖群中的卵虫脾和采蜜群中的封盖子脾对调，人为增加工蜂的工作量，也能控制分蜂热的产生。

（3）用处女王替换老王。用处女王替换采蜜群中的老王，或者用新产卵王替换老王，都能控制或消除采蜜群的分蜂热。

（4）模拟分蜂。对具有顽固分蜂热的蜂群，用一般的方法是无法控制时，可用模拟自然分蜂的办法，消除分蜂热。具体做法：把群内的王台全部破坏，巢门前放1块平板，板的四周铺几张报纸，然后把蜜蜂逐脾抽出，抖落在平板上，让工蜂自由飞翔。蜂群由于未进行分蜂的准备，因此抖蜂时不会飞逃。这种做法相当1次自然分蜂的刺激。经几次抖落，再结合调整群内的巢脾，就能消除分蜂热，恢复正常的采蜜活动。

3. 解决育虫与贮蜜矛盾

（1）采用处女王取蜜。把采蜜群小的蜂王提出，换入处女王或成熟王台，造成一段停卵期，以便集中采蜜。

（2）采用浅继箱取蜜。对于中蜂采蜜群的群势达10框以上的强群，可采用浅继箱取蜜，有利于解决育虫与贮蜜的矛盾。浅继箱的高度，是巢箱的1/2。每个标准巢框，上下可安2个浅继箱巢础框，叠放在巢箱内让蜜蜂造脾，待流蜜期到来时便取出放到浅继箱中。在浅继箱与巢箱之间，可以不必放隔王板。浅继箱的下框梁与巢箱的上框梁之间的距离，不能超过7毫米。因为只有在这个距离内，中蜂工蜂才能上到浅继箱贮蜜。浅继箱取蜜，可以减少摇蜜次数，以便于取成熟蜜及巢蜜。

4. 流蜜后期的管理

在流蜜后期，摇蜜时，必须给蜂群留下足够的饲料蜜，切勿取光。为了防止盗蜂，应缩小巢门，并抽出多余的巢脾，做到蜂脾相称。此外，蜂箱的缝隙要堵严，检查动作要快。

（三）秋季管理

1. 适时取蜜

辽东山区秋季蜜源植物较多，许多山花在秋季流蜜，因此秋季管理的好坏关系到中蜂主要经济收益，根据蜜源植物流蜜状况生产蜂蜜。

2. 培育适龄越冬蜂

适龄越冬蜂是指工蜂羽化出房后没有参加采集和哺育工作，而又进行飞行排泄的蜜蜂。培育越冬蜂时，巢内保证充足的蜜粉饲料，在最后一个蜜源的流蜜后期，要谨慎取蜜，注意蜂数的变化，及时抽取大蜜脾留作越冬饲料。保证蜂王有产卵的空房。调整蜂巢时，要抽出不适宜越冬的新脾和雄蜂房多的巢脾。在夏秋主要蜜粉源时期，培育一批优质蜂王，更换生产力差的蜂王。

3.幽王停产

羽化出房的幼蜂，在入冬之前必须经过排泄飞行，幼蜂出房过晚，也因不能进行排泄而不能正常越冬，同时，蜂王产卵，增加了工蜂的哺育工作和饲料消耗，促使越冬蜂衰老，削弱了越冬蜂的实力，蜂群群势越弱，蜂王停产越晚，对蜂群和安全越冬极为不利。辽宁丹东地区一般在9月末幽王停产。

4.贮备越冬饲料

如果选留的蜜脾不够，越冬之前必须补喂。为了蜂群安全应当用优质的蜂蜜，蜜蜂吃了这样的蜂蜜后，易吸收，后肠积存粪便少，有利于越冬，也可以用优质的白砂糖。给蜜蜂补喂越冬饲料时间宜早不宜晚，北方大都在9月下旬至10月上旬，补喂要尽早、尽快喂足，同时要注意防盗蜂。使每群蜂应存蜜或糖10~15千克。饲喂前调整好巢脾，子脾在中心，空脾在边上。饲喂过程中不再移动巢脾，让工蜂用蜡在巢脾间连结，堵塞蜂箱中的缝隙。

（四）冬季管理

1.室外越冬

越冬场所要求背风、向阳、干燥、环境安静。在蜂群群势、饲料和越冬场所等符合越冬要求的情况下，室外越冬成败的关键就在于对蜂群的包装保温，最可能发生的现象是保温过度，导致蜂群伤热。北方对蜂群一般也只做外包装，不做内包装。单群包装过冬时，春季工蜂不会偏飞到别群引起发生盗蜂。如果需要并列包装，应把箱距放宽，此箱之间至少30厘米。包装物主要是树叶、枯草或草帘。在最低气温降到-5℃左右时，开始箱底垫10~20厘米厚的干草或锯末，洒上石灰（防鼠），在最低气温-10℃时，在箱盖上面盖2~3层草帘，箱后和两侧盖2~3层草帘，一排蜂箱的箱与箱之间塞草。在箱前也要盖2~4层草帘，保持黑暗，包装要逐步进行，巢门先大后小，注意防畜禽干扰、防火、防雨雪、防鼠。

越冬期蜂箱巢门要防止老鼠钻入危害，对蜂群的管理主要通过箱外观察来判断蜂群状况，如无特殊情况，不要打开箱检查。缩小巢门可减少冷风吹入，还能防止小老鼠窜入，破坏蜂巢，但不能堵死巢门。入冬后蜂群结成冬团越冬，这时不许撞敲蜂箱。

室外越冬，管理方便，只要包装正确，蜂群不伤热，不下痢，死亡率就低；除了必要的包装物外，不需添加其他设备，比较经济。

2. 室内越冬

当外界气温0℃以下，并且已稳定，背阴处的冰雪已不融化时，就可以把蜂群抬入越冬室，蜂群入室时间宜晚不宜早。蜂群在室内要放在40~50厘米高的架子上，每摞码3个平箱或2个继箱群，强群放在下面，弱群放上面。室温控制在−2~2℃，相对湿度75%~85%，定期进行检查，掏出死蜂。

这种方式，往往主要在冬季严寒的东北和西北地区采用。越冬室需具有良好的保温隔热性能，在最寒冷的时候，能保持室温相对稳定；通风良好，便于调节室内温度和湿度；坚固安全，环境安静，室内黑暗。

秋季培育完适龄越冬蜂后，外界气温变凉，蜜粉源植物日渐减少，蜂王产卵量下降，但未完全停产。进入越冬期后，中蜂蜂王仍会零星地产下一些卵，这些卵即使羽化出房，也可能由于天气变冷无法出巢飞翔排泄，导致越冬期不安静。由于蜂王零星产卵而孵化的幼虫，需要哺育蜂去哺育，迫使适龄越冬蜂腺体提早发育，增加了适龄越冬蜂的饲料消耗，缩短了适龄越冬蜂寿命，降低了适龄越冬蜂的数量和质量，实为无效繁殖。

桶养中蜂接近于野生状态，群体调节温湿度能力强。比活框饲养中蜂越冬蜂团中心温度波动范围小，越冬稳定性强。但桶养中蜂任其自然发展，人工无法实施培育适龄越冬蜂和幽王断子的技术措施，越冬期群势下降较快，饲料消耗较多。而活框饲养秋季培育完适龄越冬蜂之后，能够适时幽王断子，是控制这种无效繁殖，提高适龄越冬蜂数量和质量的有效措施。

第八章　蜜蜂产品

一、蜂蜜

蜂蜜是蜜蜂的主要产品。它是一种甜而有黏性的、透明或半透明的液体。蜂蜜主要来源于花蜜，其次是甘露和蜜露。花蜜是植物花内蜜腺的分泌物，蜜蜂用舌管吸取植物的蜜腺分泌的甜汁，暂时贮于蜜囊中，归巢后，吐入巢房，经过反复酿造而成蜂蜜。

尼泊尔采蜜人

自制的绳梯、竹竿和篮子，这些原始简陋的工具就是采蜜人的所有装备。尼泊尔拉伊族的悬崖采蜜是世界上最危险的活动之一。到了每年的采蜜季节，他们要借助自制的绳梯爬下近百米高的悬崖峭壁，用竹竿捅掉蜂巢，而后装进篮子。整个过程惊险异常，稍有不慎就有可能送命。现在，观看采蜜已经成为一个旅游项目，吸引了很多游客，尤其是摄影师。勇敢的游客还可以参与其中，体验这惊心动魄的原始生存方式。对于我们绝大多数人来说，蜂蜜只需到超市或者商店就能买到，但对于拉伊族村民来说，获得蜂蜜却要拿生命去冒险。

图8-1　攀崖

图8-2　取蜜

图8-3　黑大蜜蜂的蜂巢　　　　　　　　图8-4　来之不易的蜂蜜

（一）蜂蜜的采集和酿造

采集蜂落到花上，钻入花内用喙吸取蜜腺分泌的花蜜，贮入蜜囊，带回巢内。意蜂1个蜜囊的花蜜平均重30～40毫克，需采集100～1 000朵花。在大流蜜期，返巢的采集蜂将花蜜从蜜囊吐出来，由巢内的内勤蜂吸入蜜囊，运到有空巢房的巢脾上，进行酿造，然后集中贮藏。

花蜜酿造成蜂蜜要经过两个过程：一是蜜蜂将花蜜中的蔗糖转变为单糖，即葡萄糖和果糖，这个过程主要是蜜蜂唾液中的转化酶起作用。二是把花蜜中过多的水分蒸发掉。在大流蜜期，巢内外有许多蜜蜂振翅扇风，加速水分蒸发。夜晚，大部分蜜蜂都参加扇风活动，嗡嗡之声通宵达旦。蜂蜜的含水量降到20%左右时，用蜂蜡封住巢房口，长期贮藏。

"蜜月"的由来

"蜜月"有很多版本，其中一种认为蜜月这个词起源于公元前500年英国条顿族的"抢婚"习俗，丈夫为了避免妻子被别人抢去，婚后立即带着妻子到野外隐居。在荒山野岭间，食宿无着，难以聊生，幸亏他们发现山林间随处可见的野蜂巢，以采食蜂蜜充饥维生，才得以日后健康地返回故乡，厮守终生。后来条顿首领规定凡成婚30天以上者，不得再抢婚。故外逃的新婚夫妻多在30天后回家，因此，将在外以食蜜度日的新婚第一个月称为"蜜月"。后来沿袭下来，新婚夫妇在婚后第一个月要到外地去过一段旅行生活。在这段旅行生活中，每日三餐要喝蜂蜜酒或蜂蜜饮料，并将新婚度假旅行称为"度蜜月"。渐渐地"蜜月"一词流行到世界各国。

养蜂那些事儿

1.蜂蜜的分类

因天然蜜来源于不同的蜜源植物，通常以某一植物花期为主体的各种单花命名，该蜜源植物的花粉比例占绝对优势，例如在东北的椴树蜜中，椴树花粉应占绝对优势。类似的还有荔枝蜜、刺槐蜜、荆条蜜、紫云英蜜、油菜蜜、枣花蜜、野桂花蜜等。也有许多植物同时开花而取到的蜜，因它由多种的花蜜混杂在一起，一般称为杂花蜜或百花蜜。

蜜源植物种类不同，蜂蜜颜色差别很大。往往是颜色浅淡的蜜种，其味道和气味较好。因此，蜂蜜的颜色，既可以作为蜂蜜分类的依据，也可作为衡量蜂蜜品质的指标之一。一般认为，浅色蜜在质量上大多优于深色蜜，而在营养价值上，一般深色蜜要优于浅色蜜。在蜂蜜的分级中，一等蜜主要有荔枝、荆条、椴树、刺槐、柑橘、紫云英等；二等蜜主要有油菜、枣花、棉花、葵花等；三等蜜如乌桕等。蜂蜜的分等主要是根据颜色、状态、味道、杂质来划分的。

按生产蜂蜜的不同生产方式，又可分为分离蜜与巢蜜等。

分离蜜：是把蜂巢中的蜜脾取出，置于摇蜜机中，通过离心力的作用摇出的蜂蜜。巢蜜，又称格子蜜，是利用蜜蜂在规格化的蜂巢中酿造出来的，连巢带蜜的蜂蜜块。巢蜜既具有分离蜜的功效，又具有蜂巢的特性，是一种被誉为最完美、最高档的天然蜂蜜产品。

蜂蜜的结晶

蜂蜜有两种不同的物理状态，即液态和结晶态。一般情况下，刚分离出来的蜂蜜是液态的，澄清透明，流动性好。

蜂蜜具有结晶的特性，特别是在秋冬季，温度在13～14℃附近变化时，最容易结晶。澄清透明的蜂蜜，由朦胧变混浊，逐渐凝结成固体，或形成大小不等的颗粒，这就是蜂蜜的自然结晶。蜂蜜是葡萄糖的过饱和溶液，蜂蜜结晶，实质上是葡萄糖的结晶，因为葡萄糖具有容易结晶的性质。如果用显微镜观察新产生出来的蜂蜜，便可看到葡萄糖小晶核的存在。条件适宜时，这些极小的结晶核便逐渐增多、长大，并彼此连接起来，缓慢地向下沉降。所以，容器下部的蜂蜜结晶较快，并逐渐向上发展，最后整个容器里的蜂蜜就会结晶成一体。

蜂蜜结晶的趋向决定于蜂蜜结晶核的多少、贮藏温度、含水量多少及蜜源种类等。凡结晶核多的蜂蜜，结晶速度快，个别蜂蜜因结晶核含量较少，长时间甚至永远贮存都不结晶。含水量少的成熟蜂蜜，比较容易结晶。蜂蜜贮存在

5～14℃条件下，不久即产生结晶现象；温度高于27℃时，蜂蜜不易结晶；将已结晶的蜂蜜加热到40℃以上，蜂蜜又会重新溶化成液体。另外，蜜源种类也影响结晶速度，比如油菜蜜取出不久就会结晶。

液态（不同品种蜂蜜颜色不同）　　　　　　　　结晶态

图8-5　蜂蜜的形态（王星摄）

蜂蜜结晶是一种物理现象，蜂蜜的质量包括含水量和其他成分均没有变化。纯正蜂蜜结晶细腻，手捻砂粒感。结晶蜜由于晶体的大小不同，可分为大粒结晶、小粒结晶和腻状结晶。

2.蜂蜜的贮藏

蜂蜜有弱酸性，盛装蜂蜜不能用金属制品容器，可以采用非金属容器如缸、玻璃瓶、塑料桶等。蜂蜜要放置在阴凉、无直接阳光的地方，温度不超过20℃。此外，由于蜂蜜本身具有从潮湿空气中吸收水分和吸收异味的特性，因而蜂蜜需要密封贮藏。贮藏蜂蜜的地方要干燥、通风、清洁，避免蜂蜜吸水变稀发酵或串味，有条件可放在冰箱保鲜层中贮藏。

蜂蜜的发酵

蜂蜜是不会变质的食物，但是蜂蜜发酵在生活中依然随处可见，到底是怎么回事？

蜂蜜内常有少量的酵母菌，遇到适宜的温度、湿度时便会生长繁殖，并分解蜂蜜中的糖分，使蜂蜜变为酒精、醋酸、二氧化碳和水的现象，称为蜂蜜的发酵。发酵的蜂蜜在液体表面产生许多泡沫，甚至可溢出容器。发酵后的蜂蜜甜味变酸，品质遭到破坏，营养价值降低。

蜂蜜发酵原因：含水量在20%以上的不成熟蜂蜜，容易发酵变质；蜂蜜吸湿性很强，空气湿度超过60%时，蜂蜜的含水量也会增加；气温在14～20℃时蜂蜜最易发酵。气温低于4℃或高于30℃蜂蜜则不易发酵。因此，储存蜂蜜要用封闭的容器，置于干燥阴凉处保存。

轻微发酵的蜂蜜，可用隔水加热的方法处理。使水温加热到60℃，并保持30分钟，便可杀死酵母菌，中止发酵。经过这样处理的蜂蜜仍可以食用，不过已失去原来特有的芳香，其中的营养成分也明显降低。蜂蜜发酵严重，出现腐败性的酸味，酒精味，大量的气泡产生，变得像水一样稀，蜂蜜糖分已经分解，只能处理掉。

（二）蜂蜜的营养成分与功能

1.蜂蜜的营养成分

蜂蜜中含有生物体生长发育所需要的多种营养物质，现代研究已证明含有180余种不同物质成分。蜂蜜的主要成分是葡萄糖和果糖，其次是水分、蔗糖、矿物质、维生素、酶类、蛋白质、氨基酸、酸类、色素、激素、胆碱以及芳香物质等。蜂蜜营养极为丰富，不含有害物质成分，是一种纯正的天然营养品。

糖是蜂蜜的主要营养成分，占70%～80%。其中又以单糖（葡萄糖和果糖）为主，可被人体直接吸收利用。1千克蜂蜜可以产生13 733千焦的热量，比牛奶高近5倍，是人类最佳的能源食品。蜂蜜中含水量标志着蜂蜜的成熟度。通常蜂蜜含17%～25%的水分。蜂蜜含水量在18%以下，在密封条件下可以长期贮藏而不发酵变质。

矿物质含量一般为蜂蜜重量的0.03%～0.9%。现已知蜂蜜中含有60～65种矿物元素，其中常量元素占98%～99%，微量元素占1%～2%。矿物元素种类之多是其他食物中罕见的。一般深色蜜比浅色蜜含有更多的矿物质。

蜂蜜中的维生素主要来源于蜂花粉，以B族维生素和维生素C含量最多。

蜂蜜中最重要的酶是转化酶，它能够将花蜜中的蔗糖转化为葡萄糖和果糖。还有淀粉酶、氧化酶、还原酶、过氧化氢酶、葡萄糖氧化酶、磷酸脂酶、类蛋白酶等。蜂蜜呈弱酸性，蜂蜜中的有机酸约含有0.1%。

蛋白质含量因蜜而异，一般浅色蜜中蛋白质含量为0.2%左右，深色蜜含量则为0.3%左右。氨基酸多达18种以上，有丙氨酸、脯氨酸、精氨酸、谷氨酸、天门冬氨酸、组氨酸、赖氨酸、苯丙氨酸、丝氨酸等。

蜂蜜中的芳香物质是由100多种分子组成的复杂的化合物，蜂蜜中含有这些芳香物质，影响蜂蜜的香气和滋味，有增进食欲的作用。

蜂蜜中含有色素，主要是胡萝卜素和叶绿素及其衍生物等，少量胶体物质，还含有蜡质、乙酰胆碱、去甲肾上腺素以及其他生物学上的活性物质等。

蜂蜜既是食品，也是药品，具有广泛的营养、保健滋补功能。自古以来人们就使用蜂蜜作为医疗保健用品和天然的甜味剂，现在蜂蜜广泛应用于食品、医药、烟草业等方面。

2.蜂蜜的功能

（1）抗菌消炎。未经任何处理的天然成熟蜂蜜，对多种细菌具有很强的抑杀作用，如对沙门氏菌属、肠道杆菌、链球菌、黄曲霉菌以及革兰氏阴性和阳性等多种致病菌均有抑杀作用。蜂蜜抑菌、杀菌作用与蜂蜜的浓度有关，与蜜种无关。蜂蜜低浓度具有抑菌作用，高浓度具有杀菌作用。蜂蜜还具有抗病毒和抗原虫的作用。

（2）促进组织再生。蜂蜜对各种缓慢性愈合的溃疡都有加速肉芽组织生长的作用，并有吸湿、收敛和止痛等多种功能。

（3）润肺通肠，补脾益肾，解毒保肝。中医认为蜂蜜能润滑胃肠，是治疗便秘的良药。蜂蜜可以保护胃肠黏膜，减少对黏膜刺激，降低神经系统兴奋性，使胃疼及胃灼烧感消失，改善消化吸收功能。蜂蜜可以调节胃酸分泌，使胃液酸度正常化。蜂蜜还可增进肝糖原物质的贮存，使肝脏过滤解毒作用加强，从而增加机体对传染病的抵抗能力。蜂蜜还有祛痰、止咳等功能。常食蜂蜜可以润肺、保护肝脏、调节胃肠功能。

（4）强心造血，调节血压血糖。蜂蜜中还原糖可直接被机体吸收，营养心肌，提高心肌的代谢功能，扩张冠状动脉，改善心肌供血，可以使人体中的红细胞及血红蛋白含量升高，促进造血的功能。经常服用蜂蜜可以使血压保持平衡，降低血糖和血脂水平，提高血中高密度酯蛋白水平，增加血红蛋白数。因此。蜂蜜可以治疗和预防心血管系统疾病。

（5）调节神经，改善睡眠。蜂蜜中的营养成分可以滋补神经组织，调节神经系统功能，改善睡眠，安神益智，增强记忆力。

（6）护肤美容。常用蜂蜜涂抹肌肤，能够涵养毛孔、润泽肌肤，使肌肤细腻光滑，增强皮肤功能，舒展面部皱纹，防止皱纹产生或增多，改善肤色。除此之外，蜂蜜也能促进生发乌发，辅助治疗一些常见的皮肤疾患。

（7）养生延年，抗衰强身。蜂蜜素有"老人牛奶"的美称。蜂蜜能够防病于未然，有助于延缓衰老，健脑增寿，加快体力恢复。

（三）蜂蜜质量的鉴别

鉴别蜂蜜质量，正规方法是按蜂蜜标准进行实验室化验，检测其理化指标和卫生指标以及其他有关指标，确定蜂蜜真伪优劣。在日常多数是凭着经验直观或简易检测方法来鉴别蜂蜜质量。

1. 感官鉴别方法

（1）眼观。通过观察蜂蜜的色泽、状态、气泡和杂质等判断蜂蜜的质量。

①色泽。蜂蜜的色泽因蜜源花种不同差异较大，甚至同一花种也有深有浅，主要取决于其所含色素种类和矿物质含量，其色泽一般由水白色到深琥珀色不等。例如荔枝蜜、柑橘蜜、椴树蜜、刺槐蜜、荆条蜜等为水白色、白色、浅琥珀色，油菜花蜜、枣花蜜、葵花蜜、棉花蜜等为黄色、浅琥珀色、琥珀色，荞麦蜜、桉树蜜等由于矿物质含量高，尤其铁元素含量高，蜜的颜色就深，为深琥珀色。

蜂蜜结晶以后色泽变浅；隔年或放置多年的蜂蜜色泽加深；掺入饴糖或白糖的蜂蜜颜色变深，光泽差；掺入化学染料的蜂蜜颜色显得异常鲜艳，但光泽亮度较差。优质蜂蜜无死蜂、幼虫、蜡屑及其他杂质。

②状态。纯正优质蜂蜜为透明、半透明状黏稠液体或结晶体。例如椴树蜜、刺槐蜜、葵花蜜、荆条蜜等大多数蜜种呈透明黏稠状，荞麦蜜、桉树蜜等少数蜜种呈半透明黏稠状。直接掺白糖的蜂蜜，黏度小，底部一般易出现未溶化的糖粒；掺入增稠剂的蜂蜜黏稠度大，韧性强，蜜液表面易形成膜。

蜂蜜极易结晶，结晶粒松软、细腻、透明度差，多似油脂状。掺糖蜂蜜结晶程度较低，纯糖熬成的假蜂蜜不结晶。

（2）鼻闻。在刚打开盖的蜂蜜桶口或瓶口，用鼻子闻蜂蜜花香气味。

纯正优质的新鲜蜂蜜气味明显，单一花种蜂蜜具有与蜜源植物花香相一致的气味，无其他任何异味。混合花种蜂蜜也具有纯正良好的花香气味。而用白糖或高果糖、玉米糖浆等熬制的假蜂蜜无花香气

（3）口尝。它是对蜂蜜味道、口感、喉感和余味纯正与否的一个综合感觉分析。

用竹筷取蜂蜜少许放在舌头上，然后舌头抵住上颚，闭上嘴，让蜂蜜慢慢溶化，细细体会其味道和口感，再将蜂蜜咽下，认真体会其喉感，最后由喉部向鼻腔缓缓送气，注意体会其余味。纯正优质蜂蜜的共同特点是：味道甜润、略带微酸，口感绵软细腻、爽口柔和，喉感略咸带轻微麻辣，余味清香馥郁、轻悠长久。口尝鉴别结晶蜜时，纯蜂蜜结晶粒放到嘴里很快溶化，掺糖蜂蜜结晶粒放到嘴里不易溶化。

（4）拉丝。蜂蜜含水量越低，浓度越高，质量也就越好。

用一根竹筷子插入蜂蜜中，垂直提出，质量好的蜂蜜往下淌时速度慢，黏性大，可拉成长丝，断丝后会收缩成蜜珠。掺白糖的蜂蜜往下淌的速度快，黏性小，拉不成丝，即便能够成丝，断丝也没有弹性，不会收缩成珠。

2. 简易检验方法

通过感官鉴别发现蜂蜜异常，难以确定蜂蜜质量的真伪优劣，还可以作下列简易检验来判断。

（1）浓度。浓度可用比重计或蜂蜜密度表测量。用折光仪测量蜂蜜的浓度不受温度影响，更准确。普通的矿泉水瓶（600毫升）装满蜂蜜净重应在800克以上。取蜂蜜滴于一张白纸上，纯正成熟蜂蜜不会渗开，而含水量高的非成熟蜂蜜或掺有水的蜂蜜则会渐渐渗开。渗开的速度越快，说明蜂蜜中的水分越多。用筷子将蜂蜜挑起，浓度高的蜂蜜，筷子上蜜层厚，下流速度慢，拉丝又细又长，断头回弹力强；浓度低的蜂蜜蜜层薄，下流速度快，不呈丝状，断续滴落，断头回缩不明显。

图8-6 蜂蜜的浓度测定（王星摄）

蜂蜜浓度最好用手持式蜂蜜折光仪测定，简便易行。蜂蜜折光仪是根据不同浓度的液体具有不同的折射率这一原理设计而成的，它具有快速、准确、重量轻、体积小等优点。使用时打开盖板，取待测溶液数滴，置于检测棱镜上，轻轻合上盖板，避免气泡产生，使溶液遍布棱镜表面。将仪器进光板对准光源或明亮处，眼睛通过目镜观察，转动目镜调节手轮，使视场的蓝白分界线清晰。分界线的刻度值即为溶液的浓度。

（2）掺淀粉类物质检验。取蜜样少许加10倍量蒸馏水溶解，煮沸，冷却至室温，加碘液数滴，若出现蓝、绿或紫红色，则说明蜂蜜中掺有淀粉类物质。

（3）掺饴糖检验。感官上蜂蜜中掺饴糖后光泽度小，透明度差，混浊，蜜蜂味淡，比纯蜂蜜黏稠度高，搅动时阻力较大。取蜂蜜少量，加4倍量蒸馏水稀释，然后慢慢加入95%酒精，如果很快出现白色絮状物，说明掺有饴糖，若只呈现混浊状态，说明蜂蜜中没有掺饴糖。

（4）掺增稠剂鉴别方法。在蜂蜜中插入筷子，提出时上部出现蜜团块，蜜汁向下流不成直线而成滴状，速度较慢，是掺入增稠剂的表现。掺有羧甲基纤维素钠的蜂蜜颜色深黄，黏稠度大，蜜中有块状脆性物悬浮且底部有白色胶状颗粒。

取蜜样10毫升于烧杯中，加95%乙醇20毫升，搅拌10分钟，析出白色絮状物，取2克沉淀物于烧杯中，加100毫升热水搅拌，待测。取30毫升待测液，加盐酸3毫升，若出现白色沉淀则说明加有羧甲基纤维素钠。取50毫升待测液，加100毫升硫酸铜溶液，若呈淡蓝色绒毛状沉淀，则也说明加有羧甲基纤维素钠。同时应做正常蜜对照试验。

（5）掺碳酸钠鉴别方法。低浓度蜂蜜在存放过程中易发酵，致使蜂蜜风味欠佳，因此有人向蜂蜜中掺碱（碳酸钠）以减轻酸味。可取蜜样1份加水5份，充分溶解混匀，加入3滴0.06%的溴代麝香草酚蓝酒精液，若呈黄色则为正常，若加有碳酸钠，随着加入量的多少依次出现黄绿色、绿色到蓝色，同时应做正常蜜对照试验。

（6）重金属污染的鉴别。取样品蜜1汤勺放入绿茶茶水中，使其溶解，如茶水颜色变成褐色甚至黑色，则可能是由于蜂蜜受到铁的污染。

（7）结晶蜂蜜的鉴别。正常结晶蜜放入口中易溶化，无沙粒感，嚼之有嚼奶糖样的黏牙的感觉，并具有蜂蜜特有的滋味，反之则为假蜜。用手捻时，结晶的蜂蜜在手指间捻动无沙粒感，易溶，反之则为假蜜。如果用筷子插入结晶蜜中，较容易插入，反之则为假蜜。

（8）有毒蜂蜜的鉴别。有毒蜂蜜是由于蜜蜂采集的某些植物的蜜腺和花粉含有对人体有害的生物碱所致。人们吃了有毒的蜂蜜容易发生食物中毒，特别是婴儿食之更容易中毒，因此要特别注意。

正常的蜂蜜有植物花的香味，无其他异味；有毒蜂蜜多能闻到异臭味。正常的蜂蜜多呈淡色或浅琥珀色，或微黄色，有毒蜂蜜往往色泽较深，常呈茶褐色。正常蜂蜜尝之有香甜可口的滋味；有毒蜂蜜有苦味或麻喉管的感觉。注意了解蜂蜜采集时间和地点也有帮助。我国的有毒蜜源植物主要有：羊踯躅、藜芦、乌头、曼陀罗、苦皮藤、喜树等主要引起蜜蜂中毒，博落回对人和蜜蜂均能引起中毒，而雷公藤、珍珠花对蜜蜂无害，对人有毒，要特别注意。

曾经见过卖野生蜂蜜的，大致就是外面是青苔，里面是硬质的"野蜂蜜"，蜂蜜上面或里面镶一块蜂巢（木质或纸质，也有用意蜂蜂巢的），砍块卖。具体加工工艺，在养蜂书籍、文献中尚未见报道，倒是在个别小报上见过"技术转让"的广告，"只需一口大锅，日产蜂蜜×××斤……"各位看官，见到这种场景小心了。记住一点，蜜蜂的巢房，都是蜡质的，且与地面垂直。记住第二点，蜜是装在巢房里的，而不是蜜包着蜂巢，青苔不是必需的。

图8-7　所谓"野蜂蜜"（王星摄）

（四）蜂蜜的生产

1.分离蜜的生产

取蜜前，把取蜜场所清扫干净，取蜜工具和蜂蜜容器要洗净、晾干。取蜜工具主要有摇蜜机、割蜜刀、滤蜜器、盛蜜容器、蜂扫、起刮刀、喷烟器等。摇蜜机最简单的是2框换面分蜜机。脱蜂常用抖脾脱蜂法。将蜜脾依次提出，用两手握住框耳，用腕力突然上下抖动，把上面附着的蜜蜂抖落到继箱内的空处，再用蜂扫将少量附蜂扫净。用割蜜刀把封盖蜜房的房盖割去，将重量相似的蜜脾放入分蜜机的框架内，转动分蜜机把蜂蜜分离出来。摇蜜时要注意避免碰压脾面。最好采用不锈钢分蜜机。

古代取蜜：古代的取蜜需要将蜂巢整体割下来，然后放到锅中熬制，蜂蜜、蜂蜡及蜜蜂在锅中分层。火候的掌握非常重要，就如李时珍《本草纲目》所说"火过，并用不得"，意思是火大了，蜂蜜就不能使用了，原因就是加热会破坏蜂蜜的品质。古代取蜜大多采用这种方法，由于勤劳的蜜蜂也一同被处死，因此，诗人们对"釜底添薪""烧烟取蜡"都颇有微词。

《咏蜂》明·王锦

纷纷穿飞万花间，终生未得半日闲。

世人都夸蜜味好，釜底添薪有谁怜。

《咏蜂》明·王欣

采酿春忙小蜜蜂，何消振翅蛰邻童。

应愁百卉花时尽，最恨烧烟取蜡翁。

（釜底添薪、烧烟取蜡都均指古代取蜜的方法）

2.巢蜜生产

蜜蜂把花蜜酿造成熟后，将蜂蜜贮满巢房、泌蜡封盖。巢蜜是由蜂巢和蜂蜜两部分组成的一种成熟蜜，也称"封盖蜜"，可直接作为商品被人食用，可根据蜜蜂酿造蜂蜜的特点，制造各种规格的巢蜜格（盒），引导蜜蜂在其上造脾贮蜜，直至封盖，然后包装出售。

 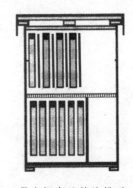

组装巢蜜盒（王星摄）　　　　　　巢蜜框在继箱的排列

图8-8　巢蜜生产

（1）组装巢蜜框。巢蜜框架大小与巢蜜盒配套，先将巢蜜框架平置在桌上，把巢蜜盒每两个盒底上下反向摆在巢框内。

（2）盒底涂蜡。首先将纯净的蜜盖蜡加开水溶化，过滤。然后组盒成框，用刷子蘸取熔化的蜂蜡轻轻刷在巢蜜盒础板上，整框巢蜜盒涂好蜂蜡备用。涂蜡尽量少而薄。

（3）修筑巢蜜房。利用生产前期蜜源修筑巢蜜脾，3～4天即可造好。在巢箱上一次加两层巢蜜继箱，每层放3个巢蜜框，上下相对，与封盖子脾相间放置。或是在巢蜜框之间放置隔板，同时保证巢蜜框和隔板之间的适当距离。

（4）巢蜜生产。在主要蜜源植物泌蜜开始的第2天调整蜂群，巢箱脾数压缩到5～6框，蜜粉脾调到副群或分离蜜生产群中，巢箱内子脾按正常管理排列，隔王板上面视蜂群群势加放巢蜜箱，以蜂多于脾为宜。使笔者的做法巢蜜框上每面钉3～4枚工字钉，是在巢蜜框两侧加隔板，保持蜂路12毫米，巢蜜封盖后表面非常平整，蜜蜂不加高，便于包装。

图8-9　巢蜜及其生产（王星摄）

（5）采收与包装。采收巢蜜盒（格）贮满蜂蜜并全部封盖后，把巢蜜继箱从蜂箱上卸下来，去掉蜜蜂。巢蜜脾从继箱中提出，推出巢蜜盒（格），然后逐个清理巢蜜盒（格）边沿和四角上的蜂胶、蜂蜡及污迹，刮不掉的蜂胶等，用棉纱浸酒精擦拭干净，再盖上盒盖或在巢蜜格外套上盒子。如果生产的是整脾巢蜜，则须经过裁切和清除边沿蜂蜜后进行包装。在运输巢蜜过程中。要尽力减少震动、碰撞，避免日晒雨淋，防止高温，尽量缩短运输时间。经灭虫处理后，把巢蜜送到通风、干燥、清洁的仓库中保存，温度在20℃以下为宜。

新王、强群和蜜源充足是提高巢蜜产量的基础，选育产卵多、进蜜快、封盖好、抗病强、不分蜂的蜂群。在流蜜期集中生产，流蜜后期或流蜜结束，集中及时喂蜜。在生产巢蜜的过程中，严格按操作、食品卫生要求。也可用浅继箱生产，严格控制蜂路大小和巢蜜框竖直。饲喂的蜂蜜必须是纯净、符合卫生标准的同品种蜂蜜，巢蜜生产期间不允许给蜂群喂药，防止抗生素污染。

（五）蜂蜜高产技术

1. 预测花期，培养适龄采集蜂

选择蜜源丰富、环境良好的地方放蜂。植物的生长发育受积温的影响。可以根据早期开花植物的花期可以预测主要蜜源植物的开花流蜜期。对放蜂场地的气候要有所关注，前期是否受冻、是否有虫害发生，流蜜期天气状况都要认真考查。

一般来说，适龄采集蜂是指日龄在2周以上的蜜蜂，采集能力较强。在大流蜜期，只有那些具有大量适龄采集蜂，并有充足后备力量（有大量封盖子脾）的蜂群才能获得高产。根据工蜂的发育期和蜜蜂的平均寿命计算，培育适龄采集蜂应该在大流蜜期开始前的51天至大流蜜期结束前的29天进行。

2. 培养强大生产群

强壮蜂群（10～20框蜂）与弱群（5～10框蜂）相比，不管按群计算，还是按单位（每千克）蜜蜂计算，蜂蜜的产量都要高一倍以上。在大流蜜期以前的15天左右，检查生产群的群势。对达不到群势要求的蜂群，可以从弱群或新分群提出带蜂或不带蜂封盖子脾，补给生产群，使其适时壮大。弱群保留3～4框蜂、3个子脾，继续增殖。

3. 整理蜂巢

在大流蜜期开始前3～5天，根据流蜜期的长短，调整好蜂巢，做到既能采蜜、生产蜂王浆，又能保持蜂群群势。如果流蜜期短，不到10天（如刺槐花期），适当限制蜂王产卵，减少哺育工作，能增产蜂蜜。巢箱上加隔王板，放大继箱蜂路。如果群势强、流蜜量大，可以加2个继箱。如果流蜜期长达1个月以上或两个主要蜜源相衔接，则不限制蜂王产卵。

4. 蜂群管理

取蜜掌握"初期早取，中期稳取，后期少取"的原则。在大流蜜期开始后的2～3天取蜜，可以刺激蜜蜂采集的积极性，同时将巢脾上原有的存蜜分离出来，便于采收单花种蜂蜜，提高蜂蜜纯度。流蜜后期要慎重，保证蜂群有充足的饲料贮备。炎热会妨碍蜜蜂的采蜜活动。高温季节要把蜂群放在树阴下，中午最热的时刻使蜂群处于阴凉的地方。还可用草帘、树枝遮盖蜂箱或洒水降温。在大流蜜期，把巢门完全打开，便于花蜜中水分的蒸发，减轻蜜蜂扇风的劳动。如果没有盗蜂和敌害，还可将继箱向前错开20毫米。大流蜜不用药，生产期开始前30天对蜂群停用药。防扬尘与飞虫，远离空气、水源污染的地方放蜂，不使幼虫混入蜂蜜。到流蜜后期（尤其是向日葵花流蜜期），蜜源减少或断绝时，特别在秋季容易发生盗蜂，要注意预防。

二、蜂王浆

蜂王浆又称蜂皇浆、蜂乳，通称王浆。新鲜蜂王浆是一种微黏稠乳浆状物质，为半流体，外观像奶油，有光泽感，手感细腻。手工采收的蜂王浆呈朵块形花纹，机械采收或过滤后的蜂王浆则形态一致。蜂王浆颜色以乳白色或淡黄色为主，个别的也有呈微红色。蜂王浆具有较重酸涩、浓厚辛辣、略微香甜的味道，并有与酚或酸类似的微弱气味。蜂王浆的比重略大于水，但低于蜂蜜，呈酸性。它是工蜂咽下腺和上颚腺分泌的物质。

（一）蜂王浆的营养成分和功能

蜂王浆是一种活性成分极为复杂的生物产品，它几乎含有人体生长发育所需要的全部营养成分。从3～4日龄王台中取得的蜂王浆，蜂王浆的营养成分可概括为：62.5%～70%水分、11%～14.5%蛋白质、13%～17%碳水化合物、6%脂类、0.4%～2%矿物质以及2.84%～3%未确定物质。它含有18种游离氨基酸，其中含有人体所需的全部必需的氨基酸；有丰富的B族维生素、维生素C、维生素H、叶酸、肌醇以及乙酰胆碱；有数种皮质激素、促性腺激素；有抗坏血酸酶、胆碱酯酶、磷酸酶、淀粉酶、脂肪酸酶、转氨基酶等多种酶；有多种癸烯酸，其中10-羟基-2-癸烯酸是蜂王浆特有的；还含有核糖核酸以及腺苷等多种活性物质。pH值为3.9～4.4。

1.蜂王浆的功能

（1）抑菌抗菌。蜂王浆对大肠杆菌、金黄色葡萄球菌和巨大芽孢变形杆菌等有很明显的抑制和杀灭作用。蜂王浆中的癸烯酸有极强的杀菌能力，此外，蜂王浆还有抗病毒作用。

（2）增强体质。在缺氧、劳累、高温、寒冷及禁食恶劣条件下，能够增强机体的适应和耐受能力，抵御外界不良因素的侵袭及恶劣环境对机体的损伤，达到保护机体、延长寿命的目的。

（3）促进组织修复。蜂王浆可使衰老和受损伤组织细胞被新生细胞所替代，能够强壮造血系统，使血中红细胞数目明显增多，蜂王浆还能够提高机体免疫机能，具有很强的抗射线辐射能力。

（4）调节内分泌。有促性腺激素分泌、兴奋肾上腺皮质的作用，使失去控制和平衡的内分泌系统恢复活力。

（5）促进机体新陈代谢。蜂王浆能够降低血糖、血脂和胆固醇，调整血压，对心脑血管系统疾患具有很好地预防保护作用。

（6）增加食欲、促进消化。能增强过氧化氢酶的活力，促进肝脏机能的恢复，对保护肝脏有明显作用。

（7）调节神经，改善睡眠。蜂王浆有助于恢复大脑皮层的功能活动，开发智力和增强记忆力，促进机体的正常生长发育。

（8）增强表皮细胞。蜂王浆使皮肤保持生理营养平衡，防止弹力纤维变性与硬化，使皮肤更加润滑细腻、洁白健美、富有弹性，减少皱纹，推迟和延缓皮肤的衰老。

2.蜂王浆的贮藏

用透明容器盛装，最好用乳白色塑料瓶。蜂王浆对热极不稳定，蜂王浆必须低温贮藏。在-2℃时存放1年质量不变；在-7～-5℃时保存1年其成分变化甚微；在-18℃以下可贮藏数年质量不变。

3.蜂王浆的应用

蜂王浆是一种全天然、纯生物、人工不能仿造的滋补营养保健品。蜂王浆的最大优点是没有毒性，遵医嘱可以长期服用。一般每日早晚空腹服，舌下含服亦可。

蜂王浆主要当作滋补营养品和一些疾患的预防及辅助治疗作用，我国已将蜂王浆与传统中药人参、鹿茸等并列，作为出口营养品之一。蜂王浆对慢性病的效果最为显著。对支气管炎、哮喘、肺结核以及感冒、流行性感冒等疾病有很好的辅助疗效。蜂王浆能润滑大肠，促进胃肠道消化酶分泌，从而使胃肠功能改善。对胃溃疡、十二指肠溃疡、胃炎、腹泻、痢疾、便秘、食欲不振与消化不良等都有不同程度的疗效。对急慢性肝炎、迁延型肝炎均有明显疗效，大量临床病例证明，蜂王浆是辅助治疗肝病的天然良药，可以标本兼治。蜂王浆对血压有双向调节作用，对高血压和低血压患者辅助治疗效果甚佳。蜂王浆对各类型贫血均有良好的辅助疗效。蜂王浆能治疗神经衰弱和失眠、健忘，有效率达100%。蜂王浆可影响或推迟更年期的来临，可使更年期的各种症状得到减轻或消失，性机能得到加强或恢复。蜂王浆对男性性功能障碍、前列腺肥大、精子活力下降及不育症等均有立竿见影的效果。运用蜂王浆治疗糖尿病，目前在临床上较为普遍，疗效显著。蜂王浆的抗炎作用极强，对风湿性关节炎、关节炎有较好的疗效，对脊柱型关节炎的治疗效果最为显著。蜂王浆对系统性红斑狼疮、结节病等也有较满意的治疗效果。对营养不良有明显疗效，此外，蜂王浆对放射性损伤、抗癌和防癌等均有明显的辅助效果。蜂王浆辅助治疗的皮肤外科疾病有烧伤、跌打损伤、冻伤、湿疹、荨麻疹、雀斑、黄褐斑、痤疮、疣、牛皮癣、皮肤溃疡、痔疮以及秃发等。蜂王浆可以用于治疗复发性口疮，口腔黏膜扁平苔藓、牙周病、口角炎、舌疮、鼻炎、咽喉炎和角膜炎等病症都有较明显效果。蜂王浆长期坚持服用，不仅可以预防老年性常见病和并发病，而且可延年益寿，治补结合，将预防、治疗、康复保健融为一体，是老年人理想的强身健体、长寿之良药。蜂王浆在美容上被广泛用，它可使皮肤润滑、洁白、细腻及皱纹消除。目前国内外利用蜂王浆制作多种高级化妆品。

（二）蜂王浆质量的鉴别

眼观：新鲜优质的蜂王浆应为乳白色或淡黄色，个别的也有呈微红色，有明显的光泽感。新鲜蜂王浆为微黏稠乳浆状物质，呈半流体，外观酷似奶油。手工采收的蜂王浆呈朵块形花纹，正常蜂王浆微黏稠，很稀稠的蜂王浆含水量过高。如果呈浆水分层现象，则说明蜂王浆中掺水或蜂王浆已开始变质，如蜂王浆太黏稠，可能掺有糊精、合成浆糊或奶粉等物质。新鲜蜂王浆无气泡。

鼻闻：新鲜蜂王浆有浓而纯正的芳香气，即略带花蜜香和辛辣气。香气越浓，品质越好。

口尝：新鲜蜂王浆其味道应具备酸、涩、辣、甜。味感应先是酸，后缓缓感到涩，还有一种辛辣味，回味无穷，最后略带有一点不明显的甜味。酸、涩和辛辣味越明显，蜂王浆的质量就越好。

手捻：取少许蜂王浆用拇指和食指细细捻磨，新鲜蜂王浆应有细腻和黏滑的手感。冷冻的蜂王浆，由于蜂王浆中的重要成分王浆酸易结晶析出，所以手捻时可感到有细小的结晶粒。

（三）蜂王浆生产技术

1. 生产工具

使用的工具有产浆框、塑料王台条、移虫针、削台刀、镊子、王台清理器、浆瓶、毛巾等。

图8-10　蜂王浆生产（王星摄）

2. 产浆群的组织

通常采用加继箱的有王生产群生产蜂王浆，用隔王板把蜂王限制在巢箱产卵，从巢箱提1~2框幼虫脾加在继箱的中部，两侧放蜜粉脾。

3. 移虫

日龄一致的幼虫脾可以提高工作效率。将空脾插入蜂王产卵区，到第5天就有成片的适龄幼虫可供移虫。双王群作为供虫群效果更好。最好多王同箱产卵蜂王产卵快，移虫日龄一致，移虫效果最好。产浆框移虫后及时加入生产群，加在幼虫脾和蜜粉脾之间。

多王同巢技术的应用

在取浆过程中，获得整齐一致的幼虫至关重要。可以应用多王同巢技术，让换下来的老蜂王继续发挥余热。首先用指甲刀小心将几只产卵的老蜂王的上颚剪除，然后同时放在无王的育虫群的巢脾上，蜂王基本上能够和平共处。实施过程中喷烟有助于提高成功率。每次放一张老的空脾，几只蜂王同时产卵，又快又整齐。

4. 采收

移虫70~72小时后取浆，轻轻抖落产浆框部分蜜蜂，再用蜂扫把蜜蜂扫净。割去加高的王台上部，用不锈钢镊子把幼虫轻轻夹出，通常是用取浆笔将蜂王浆挖出，装入塑料瓶，密封，冷冻贮藏。取浆完毕立刻移虫。

蜂王幼虫组织中含有蛋白质、氨基酸、维生素、酶、微量元素和激素等活性物质，与蜂王浆的成分相似，但含有较多的维生素D。蜂王幼虫对促进食欲、镇静安眠、消除关节炎症、加强机体造血功能、增强机体的抗病力等有一定作用，并且对放射疗法和化学疗法引起的白细胞减少症有辅助治疗作用。自己服用可加入1~5倍的白酒中，作日常饮用。

（四）蜂王浆高产技术

1. 选用蜂王浆高产蜂种

意蜂在我国经过多年的选育，现在蜂王浆的产量得到了大幅提高。引进蜂王浆高产种蜂王，用其幼虫人工培育的蜂王更换本场的蜂王，可以迅速提高全场蜂群的蜂王浆产量。我国现在常用的有平湖、萧山蜂王浆高产的蜂种，根据具体情况选育出适合本地区的蜂王浆高产品种。

2. 保持强群

加1个继箱的生产群必须强壮，20框蜂以上，使蜂多于脾，蜜蜂密集，经常保持8个以上子脾，才能获得蜂王浆高产。生产群群势较弱时，从副群（补助群）提来封盖子脾。蜂王浆的产量是由接受的王台数和每个王台的产浆量决定的。群势强、哺育蜂多的，可酌情增加王台数量并努力提高王台接受率。平均每个王台产浆280毫克以上时，就可以增加王台条或产浆框。

3. 延长蜂王浆生产期

早春，饲喂花粉或花粉代用品，进行奖励饲喂，加强管理，促进蜂群增殖，早日恢复并发展强壮；秋季，把蜂群移到有蜜粉源植物的地方，或进行奖励饲喂，适当延长生产期，保证饲料充足。蜂王浆生产群保持4千克以上的贮蜜和1框花粉脾，缺少时立刻补足，还要坚持进行奖励饲喂，花粉不足的，饲喂花粉糖饼。

4. 建立供虫群

副群或双王群可以作供虫群。将空脾加入供虫群，第4天提出移虫，移完虫后仍放回原群；第5天再提出移虫，移完后把它加到生产群，建立供虫群能提高生产效率和蜂王浆产量。

5. 确定产浆周期

大部分蜂场是在移虫后经过70~72小时取浆，移植的幼虫虫龄以24小时以内的为好；为提高生产效率，可多准备1套产浆框，在提浆框时向产浆群加入已经移入幼虫的产浆框。

三、蜂花粉

（一）蜂花粉的营养成分与功能

花粉是被子植物有性繁殖的雄性配子体，花粉是植物生命之源。由于粉源植物种类不同而具有各种颜色（从白色至黑色），但是大部分花粉为黄色或淡褐色。除少数种类的花粉有甜味外，大部分具有苦涩味道。蜜蜂采集花粉时，将唾液和花蜜混入其中，在1对后足上形成花粉团带回巢内，将花粉团卸到巢房中，用头将其捣实。每个巢房装入70%左右，上面再吐上一层蜜。装在巢房里的花粉，经过酵母菌等的发酵，略带酸甜的味道，叫作蜂粮，是蜜蜂饲料中蛋白质和维生素的来源，也是蜜蜂制造蜂王浆的主要原料。把蜜蜂采集的花粉通过脱粉器脱粉，然后进行收集、干燥、消毒等工序而成为商品蜂花粉。

1. 营养成分

蜂花粉不但含有人体所需的蛋白质、脂肪、碳水化合物，还含有对人体生理功能具有特殊功效的微量元素、维生素、生物活性物质等。蜜粉源植物种类不同或采集季节不同，蜂花粉的成分也有差别。

蜂花粉中蛋白质的含量一般在7%～30%，蜂花粉是氨基酸的浓缩物，几乎含有人类迄今发现的所有氨基酸，其中人体必需氨基酸含量约为牛肉、鸡蛋的5～7倍，含有人体6种必需氨基酸。蜂花粉中碳水化合物占25%～48%。主要是葡萄糖和果糖。脂类物质占1%～20%，主要有磷脂、糖脂等。不饱和脂肪酸含量丰富，占脂类总量的60%～91%，远比其他动植物油脂类中的含量高。蜂花粉中维生素种类齐全且含量丰富，是多种维生素的浓缩物，维生素C、维生素H和叶酸的含量很高。蜂花粉中含有人体所必需的14种微量元素和常量元素，含量在1%～7%。蜂花粉中含有磷酸酶、转化酶、过氧化氢酶等90多种酶，蜂花粉中黄酮类化合物的含量极为丰富，高者达9%，不同种类的蜂花粉中含量差异非常大。蜂花粉还含有其他多种生物活性成分，如激素、生长素、芸薹素、植酸、赤霉素、多种有机酸等。蜂花粉有芸香苷，每100克中含3～25毫克，此外还有色素以及甾醇类等。

2. 蜂花粉的功能

（1）增加食欲。促进消化系统对食物的消化和吸收，增强消化系统的功能，对胃肠溃疡组织损伤有杀菌和促进愈合作用，对肝细胞有良好的保护作用。

（2）调节神经系统。能促进大脑细胞的发育和智力发育，促进幼儿成长，具有增强中枢神经系统的功能，使大脑保持旺盛的活力。

（3）保护心血管系统。蜂花粉能增强毛细血管强度、弹性，软化血管，降低胆固醇和甘油三酯等含量，增强心脏收缩能力和功能，对心血管系统有良好的保护作用。

（4）调节内分泌。蜂花粉能促进内分泌腺体的发育，提高内分泌腺的分泌功能。蜂花粉还能促进性腺发育，对不生育者、性功能减退及前列腺功能紊乱等有意想不到的效果。

（5）促进造血功能。还有明显的抗射线辐射和抗化疗损伤的作用，对于癌症患者在放疗和化疗中引起的造血功能损伤有良好的防护作用，对贫血也有特殊的治疗功效。

（6）增强免疫。蜂花粉能提高机体的T淋巴细胞和巨噬细胞的数量和功能，增强免疫系统的功能，抗细菌、病毒的侵害。中和毒素对肿瘤及其转移有抑制作用，有抗衰老的作用。

（7）鲜花粉能抗缺氧，使机体提高耐缺氧能力和加速适应缺氧能力。蜂花粉还能提高运动员的反应能力，增强运动员的体力和耐力，迅速消除疲劳和保持良好的精神状态。

（8）美容养颜。鲜花粉能改善皮肤细胞的营养，促进皮肤细胞新陈代谢，延缓细胞老化，增加皮肤弹性，防止皮肤干燥脱屑，消除皱纹，使皮肤柔软、光滑、细腻。

3.蜂花粉的应用

我国应用花粉食疗养生是世界上最早的国家，人们直接食用花粉或将花粉制成各种功能保健食品，用于健身养生、益寿和美容。

（1）用于食品加工业。目前蜂花粉在食品加工业中应用范围不断扩大，开发大量蜂花粉食品，有花粉酥、花粉蛋糕、花粉面包等。蜂花粉饮料有花粉酒、花粉可乐、花粉豆浆等。此外，还有花粉口服液、花粉蜜。

（2）用于医疗保健。蜂花粉广泛地用于辅助治疗多种疾病。一般服用时间是早晚空腹，用温开水、牛奶、蜂蜜水等调服。对胃肠不适者，可在饭后1小时服。

蜂花粉用于预防感冒、流行性感冒和慢性支气管炎等呼吸系统疾病，蜂花粉对胃肠功能紊乱有特殊疗效，可治愈顽固性便秘。蜂花粉具有很好的肝脏保护作用。蜂花粉中含有丰富的维生素P、原花青素和一些黄酮类化合物等对高血压、高脂血症、脑溢血、静脉曲张、动脉硬化、冠心病、心肌梗死及脑中风等疾病有良好的预防和辅助治疗效果。蜂花粉能够促进造血功能，对营养性、缺铁性和低血色素性等各类型贫血有明显的辅助疗效。蜂花粉是前列腺疾病的克星，对慢性前列腺炎、前列腺增生、前列腺功能紊乱等疾病有显著的治疗效果。蜂花粉对妇女月经不调、痛经、绝经、更年期综合征及不孕症等也有明显辅助疗效。此外，长期服用蜂花粉的对糖尿病患者疗效显著。蜂花粉还用于抗衰老、抗癌以及体弱疲劳等症。服用蜂花粉能够抑制肿瘤生长，同时能够提高对放射线的耐受力，减轻放疗给机体带来的副作用。

（3）用于美容化妆品。蜂花粉内服还能够护肤美容。服用蜂花粉或外用蜂花粉化妆品，可以治疗和辅助治疗皮肤痣、老年斑、粉刺、雀斑、痤疮、脱发、皮肤损伤、皮肤黑色、皮肤干燥脱屑、皮肤营养不良等，使皮肤柔软细腻、光滑、皱纹消除、健美。

4.蜂花粉质量的鉴别

眼观：蜂花粉质量比较好的单一品种，固有的颜色应基本均匀一致。常见到的蜂花粉菜花粉为黄色，玉米花粉、高粱花粉为淡黄色，向日葵花粉为橙黄色，蒲公英花粉、乌桕花粉为深黄色等。

鼻闻：新鲜蜂花粉有明显的单一花种清香气味，霉变的蜂花粉或受污染的蜂花粉无香气，甚至有难闻的气味或异味，伪造的蜂花粉无浓郁香气。

口尝：取蜂花粉少许放入口中，细细品味。新鲜蜂花粉的味道辛香，多带苦味，余味涩，略带甜味。蜂花粉的味道受粉源植物花种的影响差别较大，有的蜂花粉苦，有的蜂花粉甜，个别的蜂花粉还有麻、辣、酸感。

手捻：新鲜蜂花粉含水量较高，手捻易碎、细腻，无泥沙颗粒感。若手捻时有粗糙或硬砂粒感觉说明蜂花粉中泥沙等杂质含量较大。干燥好的鲜花粉团，用手指捻，捏不软、有坚硬感。

（二）蜂花粉生产技术

采集蜂花粉需使用花粉截留器（脱粉器），它有多种型号。常用巢门脱粉器，孔径为4.7～5.1毫米，其大小关系到脱粉数量和对蜜蜂的损伤程度。双层孔板可提高脱粉效率。中蜂同样可以生产蜂花粉。根据中蜂的胸径（或当地中蜂天然巢脾的巢房直径）确定脱粉板的孔径。孔径一般在4.2～4.8毫米。

在生产花粉时，将脱粉板安插在巢门前。中蜂具有很强的搬动花粉能力，所以要使用接粉盒，不使中蜂接触脱下的花粉团。自制可用木盒或铝盒，盒长200～300毫米（根据巢门宽度而定）、宽60毫米、深30毫米。盒上用孔径2.5～3毫米的铁纱网罩上。要增加蜂花粉产量，减少中蜂搬动花粉的损失。最好将蜂箱前面的蜜蜂起落板锯掉，用接粉盒上的纱网作起落板，让脱下的新鲜花粉团直接落入接粉盒内（图8-11）。

箱底脱粉器是一种巢箱下面的大型脱粉装置，适用于活箱底蜂箱，脱粉效率高。集粉盒在巢箱下面，花粉团不会受到风吹雨打，产品清洁、质量好，管理省时。采用东北林业大学蜂业研究所研制的组合式塑料巢脾还可生产蜂粮。

图8-11 蜂花粉生产

1. 花粉的收集

在粉源充足时，蜂群巢内已经采集贮备花粉以后，即可在巢门前安装脱粉器。根据蜂群采粉情况和粉源植物吐粉情况确定采集时间，及时将集粉盒里的花粉团集中起来，进行干燥处理，妥善贮藏。集粉盒面积要大，当盒内积有一定量的花粉时要及时倒出晾干，以免压成饼状。

生产花粉要求粉源植物优良，一群蜂应有油菜3～4亩、玉米5～6亩、向日葵5～6亩、荞麦3～4亩供采集，五味子、杏树花、莲藕花、茶叶花、芝麻花、栾树花、菥草花、虞美人、党参花、西瓜花、板栗花、野菊花和野皂荚等蜜源花期，都可以生产蜂花粉。

2. 花粉的干燥

蜜蜂刚采回的花粉团含水量在20%左右，放置在常温下易受真菌感染，发霉变质。一般认为花粉含水量在5%以下可以防止发霉。商品花粉的含水量需在4%，常用日晒干燥。将蜂花粉均匀摊放在竹匾、席子、白布或白纸上，厚约10毫米，上面再盖一纱网，置于日光下晒，傍晚收起，晒3～5天，使花粉团呈硬颗粒状、手捏不碎即可。也可用加热烘干，在土炕的炕席上铺上布，摊放一层10～20毫米厚的花粉，加热烘干。化学干燥法是在玻璃干燥器的底部放入适量的化学干燥剂，栅板上铺一层吸水纸或白布，上面放入花粉团，盖上盖，放置数天。干燥1千克花粉需用2千克变色硅胶，干燥剂在吸水后可加热烘干，反复使用，但是干燥时间变长、效率低。此外，还可考虑用远红外法干燥。

3. 花粉的贮藏

新鲜花粉常含有虫卵、真菌、酵母菌和较多的水分，贮藏不当易遭受虫害和发霉，营养成分受到破坏。

（1）糖粉混合贮藏。这种方法适用于蜂场自用。将2份新鲜花粉与1份砂糖混合均匀，装入容器中捣实，上面再加30～50毫米厚的砂糖，然后把口封严，放于凉爽通风的地方，在室温下可贮藏2年。花粉保持柔软，可以直接调制花粉糖饼，或混合其他花粉代用品。

（2）干燥贮藏。花粉经过充分干燥，使含水量降至5%以下，其中害虫的卵仍可能存活。因此，将干燥的花粉装入塑料袋密封包装后，需放入冰箱在-18℃冷冻2～3天，杀死虫卵，然后放在室温下可贮藏1年。

（3）辐照贮藏。大量蜂花粉经过充分干燥，密封包装，再经钴源辐照处理，可将虫卵和真菌、酵母菌完全杀死，在常温下可贮藏2年以上。

四、蜂胶

蜂胶是蜜蜂从胶源植物新生枝腋芽或植物的树皮处采集的树脂类物质，经蜜蜂混入其上颚腺、蜡腺分泌物反复加工而成的胶状物质。蜜蜂用蜂胶填补蜂箱的裂缝、孔洞，缩小巢门，磨光巢房内壁，加固巢脾。

（一）蜂胶的成分与应用

1.蜂胶的性质和成分

蜂胶是有黏性的固体，呈黄褐色或灰褐色，也有呈暗绿色的，有树脂香味，微苦；熔点在65℃左右，低温下变硬、变脆；36℃以上时软化成可塑物质；比重1.127左右。蜂胶可部分溶于乙醇，易溶于苯、乙醚和丙酮等有机溶剂。蜂胶大约含有55%的树脂、30%～40%的蜂蜡和少量花粉、芳香挥发油以及杂质。

蜂胶的化学成分非常复杂，其中具有生物学和药理活性的主要化合物是黄酮、黄烷酮、查耳酮、脂肪酸、芳香酸及其酯以及萜类化合物，已经分离、鉴定的成分有100多种。经过鉴定，蜂胶中具有生物学和药理活性的主要成分有柯因、柚木柯因、高良姜精、栎精、茨菲素、芹菜精、松属素、短叶松素、肉桂酸、咖啡酸及咖啡酸酯、阿魏酸以及倍半萜烯等。已经确定的蜂胶的药理活性成分见表8-1。

表8-1　蜂胶中已知成分及其药理活性

药理活性	活性成分
抗细菌	松属素、高良姜精、咖啡酸、阿魏酸、柯因
抗真菌	松属素、3-乙酰短叶松素、咖啡酸、对-香豆酸苄酯、樱花亭
抗病毒	咖啡酸、藤黄菌素、栎精
抗氧化	高良姜精、柯因、栎精、咖啡酸酯
抗肿瘤	咖啡酸苯乙基酯（甲基咖啡酯）
局部麻醉	松属素、短叶松素、咖啡酸酯
抗炎症	咖啡酸、金合欢素
抗痉挛	栎精、茨菲素
愈合胃溃疡	藤黄菌素（芹菜配基）
增强毛细血管	栎精

2.蜂胶的功能

蜂胶是珍贵的天然产品，不仅成分复杂，含有多种生物活性物质，而且近代生物学和药理研究证明，蜂胶是一种天然的抗生素，具有特殊的生物学效能。

（1）广谱的抗菌。不仅对诸如革兰氏阳性菌、金黄色葡萄球菌、大肠杆菌、枯草杆菌等多种致病菌有很强和明显的抑制、杀灭作用，而且对常见真菌，如黄癣菌、断发癣菌、白色念珠菌等也有较强的抑制作用，还能与某些抗生素合用，有协同提高抗菌活性的作用。

（2）抗病毒。蜂胶提取物对A型流感病毒、单纯性疱疹病毒、泡状口炎病毒以及阴道毛滴虫等都有强力抑制和杀灭作用。

（3）促进组织再生。蜂胶制剂能够帮助消退炎症，迅速止痛和止痒，促使坏死组织脱落，加快创口愈合，外用对人体创伤、深度烧伤和皮肤病等都有较好的治疗作用。蜂胶还能加速损伤软骨和骨的再生。

（4）局部麻醉作用。蜂胶提取物有良好的局部麻醉作用，并与普鲁卡因有协同作用。

（5）增强免疫。增加抗体能量，促进吞噬细胞的吞噬作用，提高机体抗病能力。

（6）改善心脑血管系统。蜂胶能降低毛细血管渗透性，软化血管，防止血管硬化，并有降血脂、血糖、血压、胆固醇和抗疲劳、抗氧化等药理作用。

（7）保肝抗癌。蜂胶乙醇提取物能抑制癌细胞的生长和分裂，临床上可用于预防和治疗癌症。试验研究证明，蜂胶还有较强的保肝作用。

3.蜂胶的贮藏

蜂胶常温下是固体胶状物质，虽然成分相当复杂，含有多种生物活性物质，但性质相对稳定。因此，蜂胶在常温下就可以贮藏，不需要特殊的环境条件。

蜂胶一般应放在干燥、通风、避光的25℃以下的室内，有条件者可以进行低温冷藏，贮存效果更加理想，要避免太阳直接照射和暴露空间存放，要用蜡纸包装或装入较厚的食品塑料袋中密封贮存。此外，蜂胶不能用铁、锌等金属器皿盛装，以免造成重金属污染。蜂胶严禁与有毒、有异味和挥发性物品同放贮藏。

4.蜂胶的应用

蜂胶具有活血化淤、抑菌、消炎、止痛、促进局部组织再生、增进机体免疫功能、软化角质以及降低血脂等作用。蜂胶可医治创伤、烧伤、皮肤病以及消化道、呼吸道和生殖道的一些疾病。蜂胶是近现代开始研究应用的蜂产品之一。

（1）消炎。利用蜂胶或其制剂雾化吸入法治疗支气管炎、哮喘、慢性肺炎和其他呼吸道炎症有效，若配合抗生素疗效更佳，蜂胶可预防感冒及流行性感冒。

（2）蜂胶治疗胃及十二指肠溃疡。蜂胶能够在胃黏膜上形成一层酸不能渗透的薄膜，快速止痛，促进胃分泌机能恢复。

（3）心脑血管系统疾病。蜂胶中的黄酮类等物质，可以增强心脏收缩力和血管韧性，软化血管，降低血脂、血糖、血压和血液黏稠度，能有效地抑制血小板、胶原纤维和胆固醇等的集聚，清除血管内壁堆积物，净化血液，改善血液循环等。

（4）抗肿瘤。手术或接受射线治疗的癌症病人，服用蜂胶可以延缓和减少副作用。

（5）蜂胶还可以治疗和辅助治疗糖尿病、慢性前列腺炎等多种疾病。

（6）用于外科疾病。蜂胶及其制剂，如蜂胶酊、蜂胶软膏、蜂胶液等，应用于外科疾病治疗，临床实践证明可治疗烧烫伤、创伤、冻伤、外伤性感染、脓肿、溃疡、关节肿痛、关节软组织扭挫伤和结核病等。

（7）蜂胶用于美容。蜂胶是新兴的美容佳品，不论内服蜂胶制品，还是外用以蜂胶为原料制作的化妆品，都能够营养肌肤、除皱美容和保护头发。蜂胶面膜、蜂胶沐浴液可用于涂脸、洗脸、洗澡和洗发。

（8）皮肤科疾病。蜂胶是一种广谱抗生素，对细菌、真菌以及病毒都有很强的抑制和杀灭作用。所以，蜂胶及其制剂广泛用于治疗和辅助治疗湿疹、荨麻疹、带状疱疹、各类型皮炎、癣、毛囊炎、鸡眼等病。

（二）蜂胶的生产

1. 采集工具

集胶可使用塑料纱或尼龙纱、粗白布盖在蜂箱上。为增加集胶量，可用数根2～3毫米粗的木棍垫在框梁上。也可以用竹丝制造与隔王板相似的集胶板，竹丝间距2～3毫米。

2. 采收和贮藏

于晴暖无风天气，在阳光下将带胶的纱或布胶面朝上平摊在洁净的木板上，用竹刮刀刮取蜂胶。也可将带胶塑料纱或尼龙纱冷冻，使蜂胶硬脆，然后用木棒敲打，使蜂胶脱落。将采收的蜂胶装入食品塑料袋密封，放于冷凉干燥处贮藏。

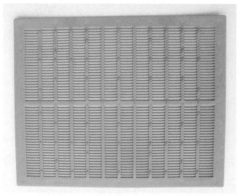

图8-12　蜂胶采集器（王星摄）

图8-13　蜂胶

在胶源植物优质丰富或蜜、胶源都丰富的地方放蜂时，利用副盖式采胶器和尼龙纱网连续积累（图8-12）。在生产前要对工具清洗消毒，刮除箱内的蜂胶；生产期间，不得用水剂、粉剂和升华硫等药物对蜂群进行杀虫灭菌；生产出的蜂胶及时清除蜡瘤、木屑、棉纱纤维、死蜂肢体等杂质，不与金属接触（图8-13）。

3.蜂胶的质量鉴别

眼观：在阳光充足的地方观察其状态结构、色泽和杂质。蜂胶在常温下呈不透明的固体团块状或碎渣状。优等蜂胶表面光滑，折断面结构紧密，呈黑大理石花纹状，棕黄或棕红色等，有光泽，无明显杂质。

鼻闻：打开蜂胶块，立即嗅其气味，纯蜂胶有令人喜爱的芳香气味。

口尝：蜂胶口尝味苦，略带辛辣味。

手捻：蜂胶有黏性，20～40℃时胶块变软，20℃以下胶块变硬、脆。优等蜂胶用手捻搓质地较软，质量差的蜂胶捻搓较硬。

溶解：蜂蜡和杂质是蜂胶中多余成分，它们的含量多少直接关系到蜂胶的质量。将蜂胶溶于95%的酒精中，应呈透明的栗色溶液，纯蜂胶眼观只能发现颗粒状沉淀，不会有其他杂质。蜂胶中蜂蜡和杂质含量较高时，在冷酒精溶液中会出现不溶团块物。

五、蜂蜡

蜂蜡是由蜂群内适龄的工蜂腹部的4对蜡腺分泌出来的一种脂肪性物质。通过将老巢脾、赘脾、蜂房的蜡盖、台基以及蜜盖等收集起来，经过人工提取，除去茧衣等杂质而获得的。蜜蜂蜡腺分泌的蜡液是白色的，但由于花粉、育虫等原因，蜂蜡的颜色有乳白、鲜黄、黄、棕、褐几种颜色。

（一）蜂蜡的成分与功能

1.蜂蜡成分

蜂蜡是一种复杂的有机化合物。蜂蜡的主要成分是高级脂肪酸和一元醇所合成的酯类、脂肪酸和碳氢化合物。

2.蜂蜡的功能

中医临床用蜂蜡做生肌、止痛药。蜂蜡是化妆品普遍使用的原料之一。蜂蜡作为温热的介质，加热熔解后将热能传至机体，通过润泽或机械压迫达到疾病防治、健美肌肤的目的。因此，可以用蜂蜡进行蜡疗，使皮肤保持弹性，防止皮肤过度松弛和治疗多种疾病。

《无题》唐·李商隐

相见时难别亦难，东风无力百花残。

春蚕到死丝方尽，蜡炬成灰泪始干。

晓镜但愁云鬓改，夜吟应觉月光寒。

蓬山此去无多路，青鸟殷勤为探看。

（蜡炬即用蜂蜡做的蜡烛，古代就已经用蜂蜡照明）

3.蜂蜡的贮藏

蜂蜡一般应放在干燥、通风、阴凉的地方，不能放在太阳直射到的地方，严禁暴晒。应袋装密封，以免虫蛀。

（二）蜂蜡的生产

对所获原料进行分级，赘脾、蜜房盖和加高的王台壁为一类原料，旧脾为二类原料，分类后，先提取一类蜡，按序提取。可以选在晚间等蜜蜂不活动的时间进行，能最大程度避免盗蜂。蜂蜡原料置于熔蜡锅中（事前向锅中加适量的水），然后供热，使蜡熔化，熔化后保温几分钟。

1.过滤法

将脸盆上放一纱盖，倒入蜂蜡与水的混合液体，杂质留在纱盖上，融化的蜂蜡与水一起滤入准备好的盆中，冷却，待完全凝固后倒除水即可。待蜡液凝固后即成毛蜡。但这种方法浪费较严重，杂质中残留的蜂蜡较多。

2. 热压法

将已熔化的原料蜡连同水一起倒入尼龙纱袋中，扎紧袋口，放在热压板上，以杠杆的作用加压，使蜡液从袋中通过缝隙流入盛蜡的容器内，稍凉，撇去浮沫。使用装有千斤顶的榨蜡器则可以减少这种损失。转地蜂场便于携带。其构造如图8-14所示。

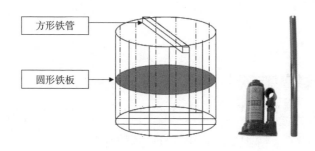

图8-14 榨蜡器

其主体部分为一细钢筋焊接的敞口铁笼，直径30厘米左右，高约45厘米，内放一圆形铁板，铁管略长于直径，另需购一液压千斤顶，混纺材质的筛网（80目左右）做成一过滤用的袋子。榨蜡开始操作一如挤压法，待挤出大部分蜂蜡后，将袋子放入铁笼，盖上铁板，然后在铁板和角铁之间放千斤顶，逐渐加压，即可将绝大部分蜂蜡榨出，收集榨出的蜂蜡，效果非常好（图8-14）。

图8-15 蜡染作品

图8-16 用铜刀蘸蜡绘制图案

蜡染，是我国古老的少数民族民间传统纺织印染手工艺，与扎染、镂空印花并称为我国古代三大印花技艺（图8-15）。蜡染是用蜡刀蘸熔蜡绘花于布后以蓝靛浸染，浸染去蜡，布面就呈现出蓝底白花或白底蓝花的多种图案（图8-16）。在浸染过程中，作为防染剂的蜡自然龟裂，使布面呈现特殊的"冰纹"，尤具魅力。蜡染图案丰富，色调素雅，风格独特，富有民族特色。

陈维稷教授主编的《中国纺织科学技术史》认为，蜡染起源于西南少数民族，可追溯至秦汉之际，当时已利用蜂蜡和白蜡作为防染材料制作出白色图案的印花布，早于印度和埃及好几百年。

六、雄蜂蛹

（一）蜂蛹营养成分与功能

雄蜂蛹是指20～22日龄的蛹，其具有丰富的营养，既可以作为营养食品，制作美味的菜肴和食品，又有医疗作用，有广阔的开发前景。

1．营养成分

蜂蛹是高蛋白、低脂肪、含有多种维生素和微量元素的营养食品。22日龄雄蜂蛹体重258毫克，含水分80%；在干物质中粗蛋白质占63%、碳水化合物占3.7%、粗脂肪占16%，含有17种氨基酸，其中人体必需的8种氨基酸含量相当高。此外，还含有钾、钠、磷、钙、镁等多种无机盐。雄蜂蛹中维生素的含量很高。100克干品中的含量为：维生素A 1 050单位、维生素B_2 2.74毫克、维生素C 3.72毫克、维生素D 1 760单位、维生素E 10.4毫克。

2.雄蜂蛹的利用

雄蜂蛹经过盐渍或熏制可制作罐头食品。冷冻的雄蜂蛹调味方便，需要量较大。

（二）雄蜂蛹的生产

1.生产工具

生产雄蜂蛹需要预先造好雄蜂脾，每群配备3～4个。其他工具包括薄而锋利的割盖刀、蜂王产卵控制器或框式隔王板、冰柜。高产蜂场大多采用整张雄蜂脾。在流蜜期，按常规方法在蜂群中加入雄蜂巢础框，就可造成整张雄蜂脾。

2. 方法

生产雄蜂蛹需要没有病害的强壮蜂群，丰富的蜜粉源或不间断地饲喂蜜粉饲料，使用老蜂王或未受精的处女王，将蜂王控制在一定区域产未受精卵。处女王产的全是雄性卵。可用人工养王的方法培养数只处女王，分别诱入3～5框蜂的蜂群，巢门前钉上隔王片，防止它们飞出交尾。到3日龄时，把处女王装入王笼，放进玻璃瓶中，通入二氧化碳气使其麻醉，等它要苏醒时放回原群。隔2天再用二氧化碳处理1次。不久，处女王便开始产卵，成为专产未受精卵的蜂群。定期给它们补充封盖子脾或幼蜂，不断进行奖励饲喂。

采用整框雄蜂脾在巢箱使用蜂王产卵控制器（图8-17），让蜂王产未受精卵72小时，然后提到继箱中哺育。长江一带一般在4—7月份生产4个月，北方在5—9月份。单王群一般在巢箱一侧放3框子脾，在巢箱子脾之间加1个雄蜂脾，将其他巢脾提到继箱。巢箱和继箱之间加隔王板。3～4天后把产满雄性卵的巢脾提到继箱哺育，同时将调到继箱的部分巢脾提回巢箱。

将雄蜂脾加在蜂群中，上面布满蜜蜂后装入蜂王产卵控制器。将2～4只剪去1/3上颚的贮存老蜂王关入产卵控制器中，放在巢箱或继箱中，每隔3天就可产满1框未受精卵。

雄蜂脾框梁上要写上加脾日期。72小时后提卵脾时，认真查看产卵情况，到第21天达到采收要求。有蜜粉源时，在短时期内单王群可10天加1框雄蜂脾，双王群每7天各加1框。在无蜜源时期，饲喂蜜粉，单王群每16～20天，双王群每10天各加1框雄蜂脾。

沈育初研究指出，同时连续生产蜂王浆和雄蜂蛹时，工蜂子脾与雄蜂子脾保持在5：1，蜂群群势就不会受到影响。比值下降时，应延长加入雄蜂脾的日期。

图8-17　蜂王产卵控制器

3. 雄蜂蛹的采收

20～22日龄雄蜂蛹是封盖后的10～12天，它们的附肢都已发育完全，复眼呈浅蓝色。把封盖的雄蜂蛹脾脱去蜜蜂，在室内平握住，用硬木棒敲打框梁四周，使上面的雄蜂蛹振落到房底，与房盖脱离，用割盖刀仔细割剔房盖，然后翻转巢脾使割开的房口朝下，用木棒敲打框梁，将雄蜂蛹振落到铺在桌面上的纱布上，或振落在不锈钢丝网框里。按前法割去另一面的房盖，收集雄蜂蛹。少数掉不下来的蛹，用镊子夹出（图8-18）。

雄蜂蛹含有大量生物活性物质，采收的新鲜雄蜂蛹暴露在空气中，其体内的酪氨酸酶活性增强，短时间内就会腐败变质，颜色变黑，丧失营养价值。所以应先把破损的蛹挑出，立刻进行保鲜加工。每群意蜂每次每脾可获取雄蜂蛹0.6千克。

图8-18　雄蜂蛹（王星摄）

4. 雄蜂蛹的加工

（1）水煮。新鲜雄蜂蛹用洁净水冲洗干净。在2份水、1份食盐的盐水中旺火煮沸约15分钟，至虫体浮起，及时捞出，离心脱水，晾干，装入双层塑料袋密封。常温下可保持3～5天，应在-18℃冰柜贮藏。煮过蜂蛹的盐水重复使用时，每重复使用1次要按每升盐水加150克食盐，并煮沸使补充的食盐溶化后再用。

（2）蒸。将雄蜂蛹放入铺上干净纱布的蒸屉内，旺火蒸10分钟，使酪氨酸酶灭活，蛋白质凝固，然后烘干或风干。干透的雄蜂蛹装入塑料袋，密封，放入冰柜贮藏。

（3）冷冻保存。将雄蜂蛹平铺在不锈钢网框里，放入-18℃冰柜冷冻，然后分装。采用充二氧化碳、氮气或抽真空密封，在-20℃冷冻贮存，保鲜度高，营养成分保存完善，保质期长。

5. 生产雄蜂蛹的条件

（1）强壮蜂群。蜂群更换越冬蜂进入发展时期以后，蜂王很自然地会产未受精卵。蜂群发展到10框蜂、6～7框子脾，开始生产蜂王浆以后，就可以生产雄蜂蛹。先进蜂场在生产蜂王浆的同时生产雄蜂蛹。

（2）无病害。细菌性幼虫病和白垩病都会使蜂群迅速削弱，不利于生产，开春应进行预防性治疗。蜂螨偏爱寄生在雄蜂虫体上，吸食其营养，影响产量，而且寄生在雄蜂蛹上的蜂螨，在加工时很难除净，严重影响产品的质量，需在晚秋或早春彻底治螨。

（3）蜜粉源充足。雄蜂幼虫消耗饲料多，如果蜜粉源缺乏，特别是在缺乏花粉时，蜜蜂往往不饲喂部分雄蜂幼虫。因此，必须保证巢内饲料充足，必要时进行奖励饲喂，饲喂花粉糖饼或花粉代用品。

七、蜂毒

（一）蜂毒的成分与功能

蜂毒是蜜蜂蜇针器官毒囊分泌的具有芳香气味的液体，蜂群中工蜂和蜂王有蜇针，雄蜂无蜇针。医疗上用蜂毒治病，主要是用活蜂蜇刺。也可用电人工提取蜂毒。蜂毒是一种淡黄色透明液体，味苦，具有特殊香味。酸性，pH值为5.5，蜂毒易溶于水和酸，对酸、碱和热都相当稳定。在常温下，蜂毒液易蒸发至原液重量的30%～40%。

1. 成分

蜂毒的成分复杂，含有水分、蛋白质、钙、镁、铜、钠、钾等多种元素，含有若干种蛋白质多肽、酶类、生物胺和其他物质。酶类和生物胺含量高，全部蜂毒以蛋白质多肽为主要组分。其中蜂毒肽是蜂毒的主生物活性物质，约占干蜂毒的50%。此外，还有非肽类物质、碳水化合物、脂类和其他化合物等。

2. 医疗保健作用

蜂毒具有抗菌、消炎、镇痛、降血压及抗辐射的作用。蜂毒能抑制20多种细菌，金黄色葡萄球菌对蜂毒很敏感。蜂毒是治疗关节炎、风湿症的天然药物。这是由于蜂毒中的多肽具有抗炎作用，而且能促进血液中肾上腺皮质激素的增加。因此，用于治疗风湿性关节炎、类风湿性关节炎和神经炎，都有很好的疗效。也可用小剂量蜂毒对蜂毒过敏的人进行脱敏。个别人有对蜂毒过敏而发生休克的情况，因此要在医生指导下使用蜂毒，以便随时得到急救处理。

（二）蜂毒的生产

电刺激蜜蜂排毒，蜂毒的质量纯净，剂量准确，对蜜蜂的伤害也比较轻，是普遍采用的方法。

1.采毒器

电刺激取毒器由电网框、取毒托盘、平板玻璃、供电装置组成。电网框为塑料制造，大小不一，巢门前取毒器，外围长140毫米、宽80毫米。放在巢箱上的大型取毒器，外围与巢箱上口外围大小相同。框架上装有平行的不锈钢丝，正极和负极互相间隔，各条不锈钢丝间距6毫米左右（图8-19，图8-20）。取毒托盘内放平板玻璃，上面放电网框，玻璃与电网框的不锈钢丝相距2毫米以内。一般采用干电池直流电源，调节电压在15~25伏，用开关控制电流通断，接通10~15秒，断开10秒左右。

图8-19　巢箱取毒器　　　图8-20　巢门取毒器　　　图8-21　蜂毒

2.蜂毒采集

采集蜂毒宜在流蜜期刚刚结束，气温在15℃以上时进行。采用饲料充足的强群作为取毒群。将采毒器置于副盖位置，或通过巢门插入箱底，通电源，蜜蜂受到电流刺激，向采毒板攻击，并招引其他伙伴向采毒板排毒。通电10分钟后，断开电源，待蜜蜂安静后，取回采毒器，置于室内晾干，在放大镜下计数，1个明亮的晶点是1个蜂毒单位，刮下晶体蜂毒。密封保存。选用不锈钢丝做电极的取毒器生产蜂毒，防止金属污染；刮下的蜂毒应及时干燥以防变质（图8-21）。

3.蜂群管理

（1）强群取毒。要求有群势较强的蜂群，青壮年蜂多，蜂巢内食物充足。

电取蜂毒一般在蜜源大流蜜结束时进行，选择温度15℃以上的无风或微风的晴天，傍晚或晚上取毒，每群蜜蜂取毒间隔时间15天左右。专门生产蜂毒的蜂场，可3～5天取毒1次。

（2）预防蜂蜇。选择人、畜来往少的蜂场取毒，隔群分批取毒，一群蜂取完毒，让它安静10分钟再取走取毒器。蜂群取毒后应休息几日，使蜜蜂受电击造成的损伤恢复。

（3）预防中毒。蜂毒的气味，对人体呼吸道有强烈刺激性，蜂毒还能作用于皮肤，因此，刮毒人员应戴上口罩和乳胶手套，以防意外。取毒对蜂蜜和蜂王浆的生产影响都比较大。蜜蜂排毒后，抗逆力下降，寿命缩短。

4.包装与贮藏

取下蜂毒后，使用硅胶将其干燥至恒重后，再放入棕色小玻璃瓶中密封保存，或置于无毒塑料袋中密封，外套牛皮纸袋，置于阴凉干燥处贮藏。

第九章　蜜蜂的病虫害防治

一、蜜蜂常见病害分类

蜜蜂常见病害分类如表9-1。

表9-1　蜜蜂常见病害的分类

病害分类	蜜蜂常见病	主要症状
细菌病	美洲幼虫腐臭病	病虫体色变黄、褐色直至黑褐色，死蛹吻前伸如舌状，封盖子色暗，房盖下陷或有穿孔。烂虫具黏性，有腥臭味，用竹签挑可拉出长丝，干后虫体不易清除
	欧洲幼虫腐臭病	病虫体色由珍珠白变为淡黄、土黄、褐色直至黑褐色，幼虫腐烂并有酸臭味，稍具黏性但拉不成丝，易清除
	蜜蜂副伤寒	俗称"下痢病"，病蜂腹部膨大，排出黏稠、半液状深褐色粪便，拉出病蜂消化道可见肠道灰白色，肿胀无弹性，充满棕黑色稀糊状粪便
病毒病	囊状幼虫病	前蛹期病虫巢房被咬开，幼虫头部有大量透明液体聚积，提出幼虫呈囊袋状。虫体干燥后成黑褐色，头尾略上翘，无黏性，无臭味，易清除
	麻痹病	病蜂四翅伸开，足和身体发抖，动作失调，行动迟缓，丧失飞翔能力，无力地在蜂场周围爬行。大肚型腹部因蜜囊充满液体而肿胀；黑蜂型体表绒毛脱落，腹部末节油墨发亮
	蜂蛹病	工蜂巢房封盖蛹穿孔或开盖，露出白色或褐色的蛹头，死亡后颜色变深，不腐烂，无臭味，无黏性

（续表）

病害分类	蜜蜂常见病	主要症状
螺原体病	螺原体病	病蜂腹部膨大，行动迟缓，不能飞翔，病蜂中肠变白肿胀，环纹消失，后肠积满绿色水样粪便。在1 500倍暗视野显微镜下观察可见大量螺旋状、运动的菌体，原地旋转或摇动
真菌病	白垩病	病虫软塌，后期失水缩小变成较硬的虫尸，易清除。巢门前、箱底或巢脾上见到长有白色菌丝或黑白两色幼虫尸体
原虫病	孢子虫病	病蜂中肠环纹消失，失去弹性，环纹不明显，极易破裂。取病蜂中肠加少量蒸馏水捣碎，在400～600倍显微镜下可见到大量大小一致的椭圆形粒子

药物残留问题日益引起各方关注，开发研制中草药制剂用于蜜蜂病害的防治有良好发展前景。目前开发出的中草药杀螨剂应用效果反映良好，也有防治其他病害的报道。

由于使用抗生素容易造成蜂产品污染，在养蜂生产中，要加强日常管理，饲养强群，预防为主。用药要做到对症、适量，注意观察蜂群反应，及时修改治疗方案，强调综合治疗措施，减少蜂产品污染。

为保护消费者利益，近年来加强了对蜂产品抗生素及农药残留的检测，所以生产无公害和绿色蜂产品势在必行。除在蜂产品生产、包装、保鲜、贮运过程中执行蜂产品的质量标准和规范以外，最应注意的是在蜜蜂传染性疾病的防治上，不滥用抗生素。

二、蜂场的卫生与消毒

养蜂生产中蜂场的卫生与消毒是蜂病防治的重要环节。而有些病原体能在不良环境中生存数月，有些细菌、真菌有芽孢、孢子，具有很强的生命力，甚至可存活数年。养蜂的卫生与消毒是预防蜜蜂疾病发生与传播的重要手段。

1. 场地的卫生与消毒

首先把蜂场内杂草铲除干净，及时清理或焚烧死亡的蜜蜂。也可喷洒5%的漂白粉乳剂对蜂场及越冬室进行消毒。蜂群有自我卫生清理的本能，患病死亡的蜜蜂幼虫或成年蜂尸体会被蜜蜂清理出巢，落到蜂场附近。能有效杀灭这些被蜜蜂清理出箱外的致病菌，可达到预防和减少疾病传播的目的。

2. 养蜂用具的卫生消毒

蜂箱、隔王板、巢框、饲喂器在保存和使用前都要进行卫生清理和消毒。保存前可用起刮刀将蜂箱、隔王板及饲喂器上的蜂胶、蜂蜡等清除干净，然后水洗风干，待进一步消毒。

（1）燃烧法。适用于蜂箱、巢框、木质隔王板、隔板等。用点燃的酒精喷灯或煤油喷灯外焰对准以上蜂具的表面及缝隙仔细燃烧至焦黄为止。这样可有效杀灭细菌及芽孢、真菌及孢子、病毒、病敌害的虫卵等。

（2）煮沸法。覆布、工作服等小型蜂机具可采用煮沸法消毒，煮沸时间根据要杀灭病原而不同。预防消毒，煮沸时间至少30分钟。

（3）日光暴晒。日光可使微生物体内蛋白质凝固，对一些微生物有一定杀伤作用。将蜂箱、隔王板、隔板、覆布等放在强烈的日光下暴晒12小时，能收到一定的消毒作用。

（4）化学药品消毒法。常用的化学药品有0.1%高锰酸钾，4%甲醛，2%烧碱，0.5%～1%次氯酸钠溶液，0.1%新洁尔灭，0.1%～0.2%的过氧乙酸，以上化学药品可按上述浓度配制成水溶液，浸泡洗刷蜂箱、巢框、隔王板、隔板、饲喂盒等，然后用清水冲刷干净，风干。

3. 巢脾消毒与保管

巢脾是蜜蜂培育幼虫、贮存蜂蜜、蜂粮的场所，一旦被病原物污染，很容易引起蜜蜂发生病害。巢脾存放前，先刮去巢脾上的赘蜡、蜂胶，然后按大蜜脾、半蜜脾、粉脾、空脾分类消毒保管。常用巢脾消毒方法如下。

（1）高效巢房消毒剂。主要成分为二氯异氰尿酸钠，为广谱含氯消毒剂，对病毒、细菌具有较强的杀伤力，可用来消毒被蜜蜂病毒和细菌污染的巢脾及其他蜂具。每片药对水200毫升溶解，用喷雾或浸泡法消毒。

（2）漂白粉溶液浸泡法。漂白粉对多种细菌均有杀灭作用，其5%的水溶液在1小时内即可杀死细菌的芽孢，可用于蜂场、越冬室、蜂具等消毒。用0.2%～1%的澄清液来浸泡巢脾消毒。

（3）硫黄熏烟消毒。硫黄燃烧时产生二氧化硫（SO_2）气体，可杀死蜂螨、蜡螟成虫和幼虫及真菌。用硫黄熏治虫应每隔7天一次，连续2～3次。因为二氧化硫不能杀死蜡螟的卵和蛹，故待卵孵化成幼虫，蛹羽化为蛾后再熏治。

熏治时每个继箱放8～9张巢脾，5～7个箱体摞成一组，最下边放一个空继箱，四角用砖头垫平，内放一耐燃容器。幅宽一米的塑料布（密闭桶状）将上端封死，展开后可正好套住两组。将木炭在炉灶上点燃，放入容器，将硫黄按每箱3～5克撒在炭火上，迅速推入空继箱中，将塑料布下端压实，密闭熏治24小时以上。巢脾使用前放在通风处通风2～3天，以防蜜蜂中毒。

（4）二硫化碳消毒。二硫化碳（CS_2）是一种无色或微黄色液体，常温下易挥发，易燃，由于分子量较空气重而下沉。具刺激气味，有毒。可杀灭蜡螟的卵、幼虫、蛹和成虫，常用于巢脾贮存前的消毒。

（5）冰乙酸。冰乙酸（CH_3COOH）为无色液体，蒸汽对孢子虫、阿米巴虫和蜡螟的卵、幼虫都有较强的杀灭作用。每箱用96%～98%的冰乙酸20～30毫升，密闭熏蒸48小时，消毒效果显著。

采用以上方法消毒后的巢脾不用时，要密闭保存于阴凉通风的房间中，为确保安全，巢脾在使用前还要进行一次检查消毒。

4.饲料的卫生消毒

蜜蜂饲料的洁净卫生与蜜蜂的健康关系十分密切。从其他蜂场购买的蜂蜜、花粉可能携带病原体，用于喂蜂一定要严格消毒。

（1）饲料蜜的消毒。目前，对饲料蜜的消毒多采用加温煮沸法。将蜂蜜加少量水倒入锅内加温，待煮沸后持续30分钟，凉至微温即可喂蜂。

（2）花粉的消毒。蒸汽消毒法。将花粉加适量水浸湿搓成花粉团或直接放入蒸锅布上，蒸汽消毒30分钟可杀死引起蜜蜂患病的病原。

微波炉消毒法。将干花粉500克放入微波炉玻璃盘中，用中等微波火力烘烤，每盘3分钟，（火力强、加热时间长、花粉湿度大，花粉容易糊）可达到较好的消毒作用。

^{60}Co照射法。用特定的钴源，花粉经100万～150万拉特辐射，即可杀死引发蜜蜂疾病的病原。

三、病害防治

（一）雅氏瓦螨（大蜂螨）

雌螨在未封盖幼虫房里产卵，繁殖于封盖幼虫房，寄生于成蜂体，吸取血淋巴，造成蜜蜂寿命缩短，采集力下降，影响蜂产品的产量。受害严重的蜂群出现幼虫和蜂蛹大量死亡，新羽化出房的幼蜂翅膀残缺不全，幼蜂在蜂场到处乱爬，蜂群群势迅速削弱，严重者还会造成全群死亡。

（1）生活史与习性。大蜂螨具有卵，若螨（前期若螨，后期若螨）和成螨三种不同的形态（图8-1）。在东方蜜蜂，雌成螨只在雄蜂房内产卵；在西方蜜蜂，雌成螨可寄生于工蜂和雄蜂的成虫，幼虫和蛹。大蜂螨的生活史归纳起来可分为二个时期，一个是体外寄生期，一个是蜂房内的繁殖期。蜂螨完成一个世代必须借助于蜜蜂的封盖幼虫和蛹来完成。长年转地饲养和终年无断子期的蜂群，蜂螨整年均可危害蜜蜂。北方地区的蜂群，冬季有长达几个月的断子期，大蜂螨就寄生在工蜂体外与蜂群一起越冬。

大蜂螨对不同蜂种感染率不同。东方蜜蜂是大蜂螨原先寄主，对大蜂蛹已产生一种防御机制。东方蜜蜂能迅速找到大蜂螨，可轻易将幼虫房内的螨清理掉。西方蜜蜂对蜂螨抵抗力差，受害较为严重。

不同地区的螨类传播可能是蜂群频繁转地造成的。在蜂场内的蜂群间传染，主要通过蜜蜂的相互接触。蜂群管理上人为子脾互调和摇蜜后子脾的混用也可造成场内螨害的迅速蔓延。采蜜时有螨工蜂与无螨工蜂通过花的媒介也可造成蜂群间的相互传染。

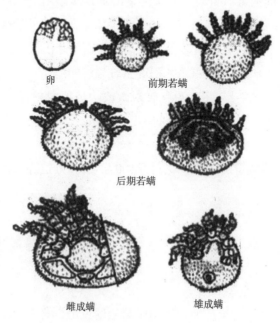

卵　　　　　　前期若螨

后期若螨

雌成螨　　　　雄成螨

图9-1　大蜂螨生活史

（2）临床诊断。蜂群受害后最明显的特征是在巢门和子脾上可以见到翅膀残缺的蜜蜂爬行，有时蛹体上可发现白色若螨和成螨（图9-2），即可确定为蜂螨为害。取工蜂50～100只，仔细检查其腹部节间和胸部有无蜂螨寄生。

（3）防控措施。利用蜂群自然断子期或采用人为断子，使蜂王停止产卵一段时间，蜂群内无封盖子脾，再用杀螨剂驱杀，效果彻底。定地养蜂可采用分巢防控的方法，先从有螨蜂群中提出封盖子脾，集中羽化后再用杀螨药剂杀螨，原群蜜蜂体上的蜂螨可选用杀螨剂驱杀。利用蜂螨喜欢寄生雄蜂房的特点，可用雄蜂幼虫诱杀，在螨害蜂群中加入雄蜂巢脾，待雄蜂房封盖后提出，切开巢房，杀死雄蜂和蜂螨。

治螨药剂使用时应注意避开采蜜期。目前，还有使用中草药杀螨剂的，也取得较满意效果。最好不要长期使用同一种药物，以免产生抗药性。一般来说，如果发现蜂巢附近有蜂爬出，死亡，应警惕是蜂螨为害（图9-3）。如果发现有翅膀残缺的蜜蜂爬出，巢内的蜂螨寄生率已经非常高，应该果断采取措施（图9-4）。

蜂螨腹面观　　　　　寄生于幼虫　　　　　寄生于蛹　　　　　寄生于体表

图9-2　大蜂螨（王星摄）

图9-3　大量若螨、成螨寄生于巢内（王星摄）

（二）亮热历螨（小蜂螨）

亮热历螨对蜜蜂的危害比雅氏瓦螨更为严重。寄生于蜜蜂幼虫和蛹体上，很少寄生于成蜂体上，而且在成蜂体上存活时间很短（图9-4，图9-5）。因此，亮热历螨不但可以造成幼虫大批死亡，腐烂变黑，而且还会造成蜂蛹和幼蜂死亡，常出现死蛹，俗称"白头蛹"，出房的幼蜂身体十分衰弱，翅膀残缺，身体瘦小，爬行缓慢，受害蜂群群势迅速削弱，甚至全群死亡。

小蜂螨主要寄生在子脾上，很少出现在巢脾外的蜂体上，寄生主要对象是封盖后的老幼虫和蛹。它们靠吸食幼虫和蛹体汁液进行繁殖，经常造成幼虫无法化蛹，或蛹体腐烂于巢房。幸而出房的幼蜂也是残缺不全。受危害幼虫，其表皮破裂，组织化解，呈乳白色或浅黄色，但无特殊臭味。小蜂螨发育期短，繁殖速度比大蜂螨快，若防治不及时，极易造成全群覆灭。

（1）生活史和习性。小蜂螨除转房繁殖外，整个生活史都在封盖房内完成。雌螨在成年蜂体上存活只有2天。在南方蜂群终年不断子地区，小蜂螨伴随子脾终年危害。

小蜂螨一生分为卵、幼虫、若虫和成虫4个阶段。

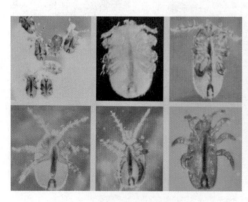

图9-4　小蜂螨（引自周婷）

图9-5　寄生的小蜂螨（罗其花摄）

小蜂螨在蜂群间的传播主要是蜂群饲养管理措施不当造成的，如有蛹群与无蛹群的合并，子脾的互调。蜂场间的螨害传播可能是蜂场间距离过近，蜜蜂相互接触引起的。北方地区蜂群发生螨害主要是由南方转地蜂群传播的。

（2）诊断。从蜂群中提出子脾，抖落蜜蜂，然后将子脾脾面朝向阳光（或向脾面喷烟），这时便可观察到爬行的小蜂螨。

（3）防控措施。亮热历螨在蜂体上仅能存活1～2天，不能吸食成蜂体血淋巴以及在蜂蛹体上最多只能活10天，可采用割断蜂群内幼虫的原理进行生物防治。具体作法是：幽闭蜂王9天，打开封盖幼虫房，并将幼虫从巢脾内全部摇出，即可达到防治目的。

可采取药物防治，升华硫对防治小蜂螨具有良好的效果。将封盖子脾提出，抖去蜜蜂，将升华硫粉末撒均匀涂抹在封盖子脾表面或者将升华硫粉末撒在巢脾之间的蜂路上，每条蜂路用药0.3克，每群用量3～4克，用药期间要保持饲料充足或及时补饲。用药超量、饲料不足、外界缺少蜜源都可能导致幼虫大量死亡，使用升华硫务必慎之又慎。

（三）蜜蜂孢子虫病

它又称蜜蜂微粒子病，它是成年蜂消化道传染病。它是由蜜蜂微孢子虫引起的，寄生于蜜蜂中肠上皮细胞内，以蜜蜂体液为营养发育和繁殖。不仅感染工蜂，而且蜂王和雄蜂也感病。

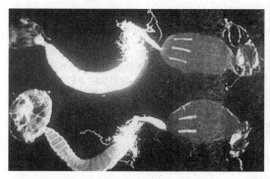 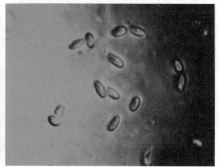

图9-6　被侵染的中肠（上）和　　　　　　图9-7　蜜蜂孢子虫
　　　　健康中肠（下）　　　　　　　　　　（×400倍，引自周婷）

（1）诊断。临床诊断下痢、中肠浮肿无弹性呈灰白色为特征（图9-7）。蜜蜂发病初期病状不明显，逐渐出现行动呆滞，体色暗淡，后期失去飞翔能力，病蜂多集中在巢脾框梁上面和边缘及箱底处，腹部1～3节背板呈棕色略透明，末端3节暗黑色。病蜂中肠灰白色，环纹模糊并失去弹性。确认需进行实验室检验：从蜂群中抓取10只病蜂，拉取消化道，剪中肠放入研钵内研磨，加5毫升蒸馏水制备成悬浮液，取一滴放于载玻片上，加盖玻片。在400～600倍显微镜下观察，如发现长椭圆形孢子（图9-7）即可确诊。

（2）防控措施。药物预防：根据孢子虫在酸性溶液里可受到抑制的特性，选择柠檬酸、米醋、山楂水分别配制成酸性糖浆。浓度是每千克糖浆内加柠檬酸1克或米醋50毫升、山楂水50毫升，早春结合对蜂群奖励饲喂时，任选一种药物喂蜂可预防孢子虫病。

（四）白垩病

它又称石灰子病，由蜂球囊菌寄生引起蜜蜂幼虫死亡的真菌性传染病，通过孢子传播，是蜜蜂的主要传染性病害之一。

患病幼虫躯体呈白色，当形成真菌孢子时，幼虫尸体呈灰黑色或黑色木乃伊状。白垩病的典型症状是死亡幼虫呈干枯状，身体上布满白色菌丝或灰黑色、黑色附着物（孢子），死亡幼虫无一定形状，尸体无臭味，也无黏性，易被清理，在蜂箱底部或巢门前及附近场地上常可见到干枯的死虫尸体。

（1）诊断。患病中期，幼虫柔软膨胀，腹面布满白色菌丝，甚至菌丝粘贴巢房壁，后期虫体布满菌丝，萎缩，逐渐变硬，似粉笔状，部分虫体黑色。虫体被工蜂拖出巢房散落于箱底、箱门口或蜂箱前（图9-8），蜂群中子脾往往出现严重的插花子脾（图9-9）。对可疑病蜂检验，挑取少许幼虫尸体表层物置于载玻片上，加1滴蒸馏水，加盖片，在低倍镜下观察，若发现白色似棉纤维状菌丝或球形的孢子囊及椭圆形的孢子，便可确诊为白垩病。

（2）防控措施。对于白垩病的防治，采取以预防为主，结合对蜂具、花粉的消毒和药物防治综合措施。消除潮湿的环境、合并弱群、选用优质饲料、换箱、换脾，彻底消毒是主要预防措施。

 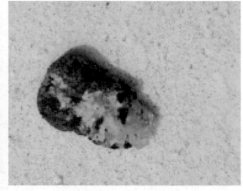

图9-8　患白垩病的虫体（虫体呈白色或黑色）

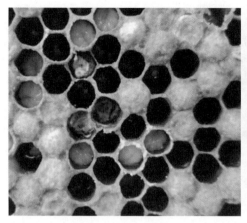

图9-9　患白垩病子脾（王星摄）

（五）美洲幼虫腐臭病

美洲幼虫腐臭病的致病菌是幼虫芽孢杆菌。幼虫芽孢杆菌通常感染2日龄幼虫，4～5日龄幼虫发病，出现明显症状，封盖幼虫期死亡。幼虫组织腐烂后具有黏性和鱼腥臭味，用镊子挑取可拉成2～3厘米长的细丝。病死的幼虫尸体干枯后呈难以剥落的鳞片状物，紧贴在巢房壁下方，蜜蜂难以清除。

（1）诊断。临床诊断以子脾封盖下陷、穿孔，封盖幼虫死亡、蛹舌为特征。本病主要使封盖后的老熟幼虫和蜂蛹死亡，子脾表面房盖下陷，呈湿润和油光状，有针头大小的穿孔。死亡幼虫最初失去丰满及珍珠色的光泽，萎缩变成浅褐色，并逐渐变成咖啡色，有黏性，用镊子挑取时，可拉出细丝，有难闻的鱼腥臭味。幼虫尸体干瘪后变成黑褐色，呈鳞片状，紧贴于巢房下侧房壁上，与老巢脾颜色相近，很难取出。如蛹期发病死亡，则在蜂蛹巢房顶部有蛹头突出（称蛹舌现象）（图9-10）。

挑取可疑的病虫尸体少许，涂片镜检，若发现较大数量的单个或呈链状的杆菌以及芽孢时再进行芽孢染色法检验加以确诊。

（2）防控措施。严格检疫，杜绝病原的传入；对患病群所用的蜂箱、蜂具、巢脾都必须经过严格消毒后才能使用，一般可用0.5%过氧乙酸或二氯异氰尿酸钠刷洗，巢脾必须浸泡24小时消毒，同时未发病的蜂群也要采取药物喷、喂防治。严重患病群尽量烧毁，轻的患病群，必须换箱、换脾消毒后再药物治疗才能收到满意效果。

病脾

虫尸干枯在巢壁上

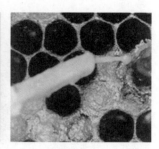
拉丝

图9-10 美洲幼虫腐臭病

（六）欧洲幼虫腐臭病

欧洲幼虫腐臭病是蜜蜂的细菌性传染病，致病菌为蜂房蜜蜂球菌。发生较普遍，常使小幼虫感病死亡，蜂群常出现见子不见蜂现象，蜂群群势下降，蜂产品产量降低。患欧洲幼虫腐臭病的幼虫1~2日龄染病，经2~3天潜伏期，幼虫多在3~4日龄未封盖时死亡。幼虫尸体无黏性，有酸臭味，虫体干燥后变为深褐色，易被工蜂清除，巢脾出现"插花子脾"。

（1）诊断。临床诊断以2~4日龄未封盖幼虫死亡为特征。抽取2~4天的幼虫脾1~2张，如发现虫、卵交错，幼虫位置混乱，颜色呈黄白色或暗褐色，无黏性，不拉丝，易取出，背线明显，有酸臭味，幼虫死后软化并逐渐干缩于房底，易被工蜂清出，形成"插花子脾"（图9-11）。

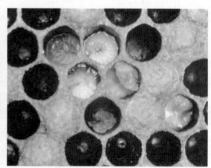
健康幼虫（上）和患病幼虫（下）欧洲幼虫腐臭病子脾

图9-11 欧洲幼虫腐臭病

微生物学诊断可用革兰氏染色镜检：挑取可疑为欧洲幼虫腐臭病的幼虫尸体少许涂片，用革兰氏方法染色，镜检。若发现大量披针形、紫色、单个、成对或链状排列的球菌可诊断为本病。

（2）防控措施。加强饲养管理，保持蜂多于脾，注意保温，培养强群。严重的患病群，进行换箱、换脾、消毒。在北方，寒潮往往是本病诱因。

（七）蜜蜂囊状幼虫病

（1）诊断。病原为囊状幼虫病病毒。蜂群发病初期，子脾呈"花子"症状。当病害严重时，染病幼虫大多在封盖后死亡，死虫头上翘，呈尖头状，幼虫头部有大量的透明液体聚积，用镊子夹住头部将其提出囊袋状，无味，无黏性，易从巢房中移出。死虫逐渐由乳白色变成褐色，当虫体水分蒸发，会干成一黑褐色的鳞片，头尾略上翘，呈龙船形（图9-12）。辽东地区应用辽宁医科大学研制的中囊抗体收到较好的效果。

（2）防治。中蜂场不与意大利蜂群在同一采集区放蜂，与外来蜂群相距5千米以上。

坚持抗病育种，选抗病群作父母群，早养王，早换王。将患病严重的蜂王杀死，用患病轻或无病群育新王替换病群蜂王。保持蜂多于脾；将蜂群置于干燥、通风、向阳和僻静处饲养，减少惊扰。

可用王笼将蜂王关闭10天，使蜜蜂清除死虫。清除患病幼虫：抽出病死幼虫较多的巢脾，烧毁。病死幼虫少的巢脾可将死幼虫清除出后，可选用0.1%次氯酸钠溶液、0.2%过氧乙酸溶液或0.1%新洁尔灭溶液中的一种，浸泡巢脾12小时以上，消毒后的巢脾要用清水漂洗晾干。欧洲蜜蜂发生本病在蜂群发展强壮后可以自愈。中蜂囊状幼虫病（中囊病）传染力强、发病快，不能自愈，易使整群飞逃或死亡。

蜂胶有杀菌、抗病毒作用。有人使用2%蜂胶酊防治中蜂囊状幼虫病取得了良好效果。将病重的子脾提出烧毁，保留病轻的子脾，换入消过毒的蜂箱。用2%蜂胶酊喷脾治疗。每个巢脾每次喷4～5毫升，隔天使用1次，连用4次。以后每隔7天使用1次，连用3次。选无病或少病的蜂群育王，更换病群的蜂王。

蜂胶酊制法：75%医用酒精1升，加入蜂胶颗粒200克，浸泡3～5天，每天摇动数次，取上清液或过滤除去下部沉淀即成。

中药：用贯众、金银花、半枝莲、野菊花等清热解毒的中草药煮水，与糖水混合饲喂病群，连续5～6天。饲喂量以当天吃完为度。

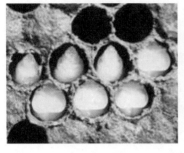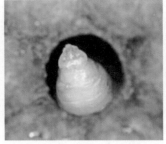

图9-12　蜜蜂囊状幼虫病

四、敌害防治

1.蜡螟

（1）诊断。常见危害蜂群的有大蜡螟和小蜡螟两种。蜡螟的幼虫又称巢虫，危害巢脾、破坏蜂巢，穿蛀隧道，伤害蜜蜂的幼虫和蛹，造成"白头蛹"。轻者影响蜂群的繁殖，重者还会造成蜂群飞逃。小蜡螟只零星分布于全世界温带与热带地区，小蜡螟对蜜蜂为害不如大蜡螟严重，但也会毁坏未加保存好的巢脾（图9-13）。

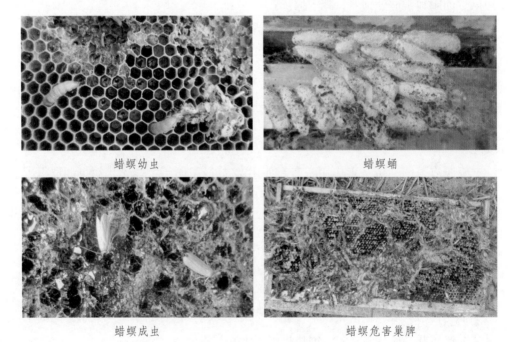

蜡螟幼虫　　　　　　　　　　　蜡螟蛹

蜡螟成虫　　　　　　　　　　蜡螟危害巢脾

图9-13　蜡螟（王星摄）

（2）防治措施。预防：蜂箱不留缝隙，不留底纱窗，蜂箱摆放前低后高，便于蜜蜂清理。保持蜂多于脾。西方蜜蜂抵抗巢虫能力强，一般不致受害。中蜂抗巢虫能力弱，要加强防治。尤其注意及时清理箱底蜡屑。

蜡螟以幼虫越冬，且此时又是一段断蛾期，幼虫又大都生存在巢脾或蜂箱缝隙处。因此，要抓住其生活史的薄弱环节，有效地消灭幼虫，保证蜂群的正常繁殖，同时要做经常性的防治。其方法是：及时化蜡，清洁蜂箱，饲养强群，不用的巢脾及时用硫黄或二硫化碳熏蒸并妥善保存。

2. 胡蜂

胡蜂是蜜蜂的主要敌害之一，我国南部山区中蜂受害最大，是夏秋季山区蜂场的主要敌害。胡蜂为杂食性昆虫，它主要捕食双翅目、膜翅目、直翅目、鳞翅目等昆虫，在其他昆虫类饲料短缺季节时，集中捕食蜜蜂（图9-14）。

图9-14　胡蜂（王星摄）

防治措施如下。

摧毁养蜂场周围胡蜂的巢穴，是根除胡蜂危害的关键措施。对侵入蜂场的胡蜂拍打消灭，另一种办法就是捕捉来养蜂场侵犯的胡蜂，将其敷药处理后放归巢穴毒杀其同伙，最终达到毁灭全巢的目的。

秋季胡蜂大量捕食蜜蜂。蜜蜂一对一情况下毫无还手之力。大批蜜蜂被掳走，成为胡蜂幼虫的美餐。更过分的是，胡蜂杀红了眼，把大批蜜蜂咬死，放在蜂箱附近。这是在一箱蜜蜂周围消灭的胡蜂，有十几只。由于主人疏忽，这箱蜜蜂已经死伤殆尽。给胡蜂陪葬的，是地上厚厚的一层死蜂。有只胡蜂，更是残忍地直接啃食起同类的尸体！

蜜蜂的其他敌害还包括老鼠、蚂蚁、蟾蜍、蜘蛛、蜂虎、蜥蜴、壁虎、啄木鸟、山雀、刺猬、黑熊等。

鼠：多在蜂群越冬时进入越冬场所，再由巢门或缝隙处进入蜂箱，盗食蜂粮、啃咬巢脾，甚至侵入越冬蜂团吃掉蜜蜂，致使蜂群不安，最终冻饿而亡。可迅速使蜂群群势削弱或灭亡。越冬期遭受鼠害，巢门往往会发现残缺不全的蜜蜂尸体。防治方法：缩小巢门，传统灭鼠方法均可采用，可设置捕鼠夹、粘鼠胶、投放鼠药等。

蜘蛛：各地均有分布，是常见的蜜蜂天敌。蜘蛛吐丝结网捕捉猎物。蜜蜂甚至蜂王一旦进入网中往往很难逃脱，蜘蛛用蛛丝缚住，用口器将毒液从蜜蜂颈部注入，等蜜蜂内脏被化溶化为液体后吸食（图9-15）。防治方法：及时扑杀蜂场周围蜘蛛，及时巡查，毁灭蛛网。

蚂蚁：常在蜂箱附近爬行，钻进蜂箱盗食蜂蜜、蜂粮甚至蜜蜂幼虫，受害蜜蜂采蜜能力下降，严重时造成蜂群飞逃。防治：在蜂箱四角放盛水容器，还可围绕蜂箱均匀撒生石灰或硫黄等驱避，或毁除蚁穴。

蟾蜍：俗称癞蛤蟆，种类众多，分布广泛。夏季，蟾蜍白天隐藏在草丛中、石块下，在炎热的晚上会出来行躲在巢门口，捕食在巢门口扇风的蜜蜂。防治：清除蜂场周围杂草杂物使其无处藏身；将蜂箱垫高，使其无法接近巢门；开沟防蟾：在蜂场周围挖沟，蟾蜍会掉在沟里爬不出来。

图9-15　蜘蛛（王星摄）

未解之谜——蜂群崩溃综合征摧毁蜜蜂家园

蜂群崩溃综合征（Colony Collapse Disorder，CCD）是一种大批蜂巢内的工蜂突然消失的现象。2006年CCD发现于美国，约有35%的蜜蜂消失。随即波及部分欧洲地区。引起全世界蜂业的关注。2007年，蜂群崩溃综合征波及美国22个州，造成美国蜂场的蜂群大量失踪，严重影响了蜂蜜产量、授粉及依靠蜜蜂授粉的作物的收成。

CCD的成因至今不明，但有研究指出CCD可能与以色列急性麻痹病毒有关，其他因素还包括：营养不良、虫害、农药、免疫力低、作物转基因、气候转变、电磁波辐射等。至今仍未清楚CCD是否单一成因引起或是由多个成因组合引起，亦未能确定CCD是否一个新的自然现象，还是一个过去曾出现但影响不显著的现象。

第十章　蜜蜂授粉

一、蜜蜂与植物的协同进化

协同进化：是指一个物种受到另一个物种个体行为的影响，而产生的两个物种在进化过程中发生的变化。

在长期的进化过程中，植物和传粉昆虫之间形成了互惠互利关系：一方面，植物因为昆虫的活动而完成了传粉与受精，物种得以繁衍和进化；另一方面，植物的花蜜、花粉成为传粉昆虫赖以生存的食物来源，蜜蜂则进化到专食花蜜、花粉程度。

蜜蜂是植物理想的传粉者，蜜蜂与植物是协同进化的典范。

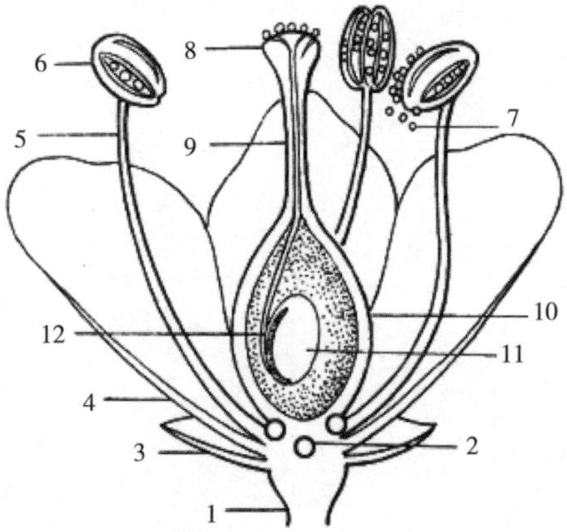

虫媒花对蜜蜂的适应：多具特殊香味以吸引蜜蜂；多具鲜艳色彩，通常以白、红、黄、蓝色为主；大多有蜜腺，能生产花蜜；花粉粒一般比风媒花大、有黏性，花粉外壁粗糙或有刺突，容易接触并黏附于蜜蜂体表（图10-1）。

蜜蜂对植物的适应：蜜蜂周身长满绒毛，有利于收集花粉和传粉；蜜蜂的口器为嚼吸式口器，有利于取花蜜；后足发达，有特化的花粉筐，运装花粉；蜜蜂前肠的嗉囊特化为蜜囊，用于携带花蜜；经典双面蜡质六边形巢房，巢脾与地面垂直，便于储存蜂蜜、花粉及哺育幼蜂（图10-2）。

1.花柄；2.蜜腺；3.萼片；4.花瓣；5.花丝；6.花药；7.花粉粒；8.柱头；9.花柱；10.子房；11.胚珠；12.花粉管

图10-1　花的结构

顺便说一下，《蜜蜂的神奇世界》原版（德语版）出版一年销售即超过13 000册，截至目前已被译为10种语言（英语、意大利语、希腊语、波兰语、法语、西班牙语、葡萄牙语、韩语、斯洛文尼亚语、中文），介绍了蜜蜂各种令人惊奇的行为，饲喂、婚飞、争斗、睡眠、交流，还给专门蜜蜂请了摄影师。它将神奇的蜜蜂世界一览无余地展现于读者眼前。

图10-2　蜜蜂采粉（王星摄）

二、蜜蜂授粉的必要性

随着现代农业的发展，蜜蜂授粉的依赖性逐步加大。

1. 农业种植结构改变

我国正由以粮为主的传统农业向产业化、市场化、现代化转变，实现农业由数量型向质量型转变。增加了种植作物的多样性，依赖蜜蜂授粉的作物也随之增加。尤其是设施园艺发展迅速，需要大量蜜蜂为温室作物授粉体。

2. 农业集约化

随着土地流转、农业资本的涌入，我国农业呈现规模化、集约化特点，形成单一作物大面积种植，极大地破坏了野生传粉昆虫的自然栖息环境，造成一定区域内的传粉昆虫数量不足，从而影响作物授粉，有些地区已经成为制约果树产业发展的重要因素。

3. 农药的使用

我国是农药消费大国，而且耕作习惯正发生改变，过度依赖于杀虫剂、除草剂。农药的大面积使用，造成蜜蜂大量死亡或无故消失，严重威胁蜜蜂的生存，严重影响作物的产量及质的提高。虫媒花作物变得更依赖于人为引入授粉昆虫。全世界范围内，都出现令人担忧的现状：传粉昆虫（蜜蜂、熊蜂、蝴蝶、食蚜蝇）的数量在明显下降。

4. 劳动力成本增加

由于劳动力工资成本大幅上升，人工授粉生产成本高。无论是蔬菜制种、温室作物授粉，昆虫授粉比人工授粉更高效，而且费用更低，并能显著提高产量的质量。一箱熊蜂为温室番茄授粉，相当于8~12个授粉劳动力，一箱蜜蜂为大白菜制种授粉，相当于2 000个授粉劳动力。

在一些农业发达国家，如美国、英国、法国、澳大利亚等国家，利用一半以上的蜂群进行专业授粉，而我国目前农作物利用蜜蜂授粉的蜂群还不及总数的5%，与其他国家相比差距很大，这也为我国蜜蜂授粉产业发展提供了良好契机。本章内容主要介绍饲养技术成熟、应用广泛的蜜蜂总科的蜜蜂、熊蜂、壁蜂及切叶蜂。

三、蜜蜂授粉

（一）蜜蜂为大田作物授粉

我国养蜂业对农作物蜜源植物利用比较充分，如油菜、荞麦、向日葵、荔枝、柑橘、枇杷，都是很好的蜜源，而且得到比较好的利用。采集这些蜜源，往往都视为养蜂者的意愿，种植者也是接受或是欢迎的态度，因此，为农作物授粉往往是养蜂者自发行为，并没有得到来自种植者的报酬。

情况悄悄地发生着变化，种植者意识到授粉的重要性，主动租用蜜蜂为果树、向日葵等作物授粉，并为养蜂者提供费用，标志我国授粉已经发生了变化。

（二）蜜蜂为温室作物授粉

我国温室面积已经居于世界第一位，用蜜蜂为温室作物授粉已经成为重要的农艺措施，每年需要大量授粉蜂群（图10-3至图10-8）。近年来，设施园艺发展迅速。利用蜜蜂授粉，不但能改善果实品质，而且增产显著，温室草莓授粉既增加果农效益，又促进了当地养蜂业的发展。

图10-3　蜜蜂为温室桃花授粉（王星摄）

图10-4　蜜蜂为温室草莓授粉（宁方勇摄）

图10-5　中华蜜蜂为温室蓝莓授粉
（王星摄）

图10-6　蜜蜂蜂为温室黄瓜授粉
（鞠方成摄）

图10-7　码放整齐的蜜蜂授粉蜂箱
（王星摄）

图10-8　检查授粉蜂群（于鲲摄）

（三）蜜蜂授粉蜂群管理

1. 签订授粉合同

草莓栽培者与养蜂者应在秋繁之前签订授粉合同，保证有足够的蜂群供应，合同应写明蜂群数量、质量、授粉时间、地点、运蜂时间、违约责任等，做好准备工作。

2. 授粉蜂群的配置

一般以温室面积1亩配一标准授粉群。授粉群应为有王群，3框工蜂（工蜂8 000～10 000只），储备饲料5～6千克（若饲料不足，应及时补喂50%糖浆）。工蜂最好是经过蛰伏又经过排泄的越冬蜂。

3. 进入温室时间

在盛花期前5～6天放入温室，最好是运到后傍晚入室。在入室后4～5天再打开温室底帘，可减少工蜂死亡数。运输途中蜂群不安，若运到后白天立即入室，会造成蜜蜂大量涌出，趋光撞膜碰死。在保证作物生长情况下适当降低温室温度，能在一定程度上减少蜜蜂撞膜。

4. 蜂群的摆放

入室后拆除授粉群越冬包装。蜂箱应置于约半米高的蜂箱架上，巢门朝东，置于靠近温室西侧壁向阳处，也置于温室中部靠后壁处。最好加巢门踏板，巢门略前倾，便于蜜蜂清理蜂箱。若放置2群蜂，可以放在温室两端。巢门容3～4只蜜蜂通过即可。

5. 蜂群的管理

首先保证蜂群充足饮水，靠近蜂箱置一容器盛满清水，放点稻草，便于蜂群采水，隔3～4天换水一次。授粉期间喷洒农药、使用化肥、熏烟剂等，应先搬走蜂群，1～2天后再搬回，以免蜜蜂中毒死亡。蜜蜂对农药敏感，一定注意选用低毒、低残留杀虫剂。由于草莓花泌蜜较少，授粉期间根据贮蜜情况适当补喂糖浆。有些作物蜜粉丰富（如蓝莓、桃等），可不用喂水喂糖。在授粉后期，蜜蜂群势下降，适当抽出子脾或子脾，有利于蜜蜂群势的维持。

为什么要提前5～6天放王？

温室授粉正值冬季，蜂群处于冬眠状态。蜂王恢复产卵需要3天左右时间，孵化成幼虫需要3天时间。进入幼虫期时，工蜂积极出巢采集花粉饲喂幼虫，才能达到理想的授粉效果。因此建议要提前5～6天放王。

如果给蜂群补喂花粉过多，会影响蜜蜂的采集积极性。在温室蓝莓试验中，当蜂群中有花粉脾时（用花粉500克），蜜蜂基本不采集花粉，而撤了花粉脾后，蜜蜂积极出巢采集花粉。

第十一章　熊蜂饲养及授粉应用

一、熊蜂

熊蜂属于昆虫纲（Insecta）、膜翅目（Hymenoptera）、蜜蜂科（Apidae）、熊蜂族（Bombini）、熊蜂属（*Bombus*）昆虫，其进化程度处于从独居蜂到社会性蜂的中间阶段，是一类重要的传粉昆虫，也是高山植物的主要传粉者，特别是豆科、茄科等多种农作物的重要传粉者（图11-1）。熊蜂具有旺盛的采集力，能抵抗恶劣的环境，对低温、低光环境的适应力强。随着设施农业的迅速发展，熊蜂因其独特的生物学特性及其与植物之间巧妙的适应性，逐渐成为现代农业生产中温室作物传授粉的重要昆虫。熊蜂的经济价值和生态价值正受到日益广泛的重视，被大量应用于温室作物授粉。熊蜂还是自然环境的一种良好的指标动物，对于动物地理学和自然地理学的研究均有一定意义。

20世纪80年代野生熊蜂的人工繁育技术被突破，但国外对熊蜂的人工繁育技术进行严格保密。另外，欧洲地熊蜂在澳大利亚、日本、智利等国已经造成了生物入侵现象，美国、日本等国已经禁止进口该种熊蜂，进而转向研究本土熊蜂的利用。90年代末，中国农业科学院蜜蜂研究所率先突破熊蜂人工繁育技术。此后，科研院所、高校、农业公司相继开展了大量的熊蜂种质资源调查、人工繁育与授粉应用工作，并逐步形成产业化，应用于蓝莓、番茄、茄子、甜椒、草莓、桃、瓜类等温室农作物授粉，取得明显的经济效益和社会效益。

图11-1　采集国槐的熊蜂（王星摄）　　　　图11-2　木蜂（王星摄）

熊蜂or木蜂

采集熊蜂标本时，我曾动员了好多学生，学生又发了万能的"朋友圈"，经过微信传播，这事就有点大了。于是，大家都特别热心地提供线报，"某某某处有熊蜂"，或是干脆送来蜂的标本。不过，有的是假情报，胡蜂、蛾、食蚜蝇，最常见的是木蜂（图11-2）。

对于木蜂，我曾问过我女儿（当时还是学龄前儿童，忠实助手）是怎么区别的。"熊蜂都是毛茸茸的，木蜂的肚子没有毛"。我知道，这话从昆虫分类角度来看毫无价值，但给学生做科普还真灵。

二、熊蜂的生物学特性

熊蜂隶属于膜翅目、蜜蜂科、熊蜂属，广泛分布于寒带及温带，在高海拔地区种类较为丰富，在北温带分布最为集中。我国是世界上熊蜂资源最为丰富的国家，目前我国培育本土熊蜂为温室作物授粉也得到了越来越多的应用。

熊蜂为社会性昆虫，完整的蜂群由1只蜂王，若干只雄蜂及工蜂组成。蜂群因品种不同工蜂数量差别特别明显，工蜂数量从几十只到几百只不等，有的熊蜂品种工蜂数量可多达400余只，而有些熊蜂群势较小，工蜂只有20~30只。

熊蜂授粉优越性

熊蜂授粉作物广泛，有无蜜腺植物均适合。

耐低温，在蜜蜂不出巢的阴冷天气可以照常出巢。

有较长的喙；蜜蜂喙长5~7毫米，熊蜂喙长9~17毫米，对深花冠作物，如三叶草等授粉特别有。

采集力强。熊蜂个体大，浑身绒毛，访花速度快，授粉效率高。

趋光性差，信息交流系统不发达，能专心为温室作物授粉。

熊蜂能"声震授粉"，是作物，如茄子、番茄等的理想授粉者。

因此，熊蜂被称作是"温室作物理想的授粉昆虫"，全球每年使用授粉熊蜂总数超过100万群。

三、熊蜂的行为

熊蜂与外界联系的所有方式都要通过其各种行为表现出来，因此，研究熊蜂的行为是研究熊蜂不可缺少的组成部分。了解熊蜂的行为，对于研究其生物学特性、规模化生产、传粉应用都有现实的指导意义。

1.营巢

不同地区、不同种类的熊蜂具有不同的营巢习性。生活在温带的熊蜂绝大多数在地下筑巢，它们常会选择在一些地下被遗弃的洞穴内做巢。也有一部分熊蜂喜欢选择在杂乱的草丛地表筑巢，极个别的蜂种喜欢在较高的空中筑巢，如在废弃的鸟窝里。而分布在热带雨林的熊蜂通常在地表依坡而建一个像圆锥形的巢窝，并在巢窝上面搭建一个棚盖，防止雨水进入。熊蜂的筑巢材料除了用其自身所产的熊蜂蜡外，还会利用杂草、树叶、羽毛、苔藓、纸片甚至细碎的塑料等。

春暖花开，熊蜂蜂王经过漫长的冬眠后醒蛰。早春植物如延胡索、京桃花上经常能发现熊蜂蜂王的踪迹。蜂王在几个月的越冬期间营养消耗巨大，输卵管又细又小。蜂王在早春蜜源植物上取食花蜜和花粉，卵巢重新发育，形成卵粒。蜂王经常缓慢飞行，仔细选择，寻找新巢址开始营巢。

2.产卵

熊蜂蜂王通常用自身分泌的蜂蜡先筑造蜡罐，用于暂时存贮花蜜，再在巢内的干草等杂物上建造蜡质的卵室，蜂王把卵产在卵室里面，再用蜂蜡封好。通常情况下蜂王把几粒卵产在一起，第一批卵的数目从几个甚至几十个不等。熊蜂蜂王在出蛰三周左右开始建巢产卵，卵呈白色，细长，两端钝圆，长约3.2毫米，直径约1.0毫米。一端较粗一端较细，表面光滑（图11-3）。

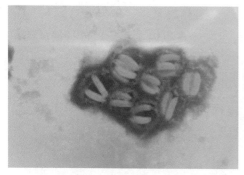

图11-3　熊蜂的卵（王星摄）

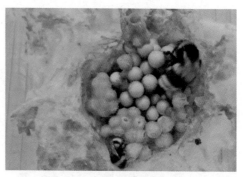

图11-4　熊蜂哺育（王星摄）

3. 孵化

蜂王产卵后，会趴伏在卵室上，由胸部肌肉产生热量，然后将胸部产生的热量传递到腹部，再伸缩自己腹部，以此来增加卵的温度促进卵的孵化。自然条件下，蜂王除了孵化，还要负责采集花蜜、花粉、饲喂幼虫、维持巢温。第一批工蜂出房后，蜂群内开始有明确分工，蜂王主要负责产卵，一般不再出巢采集。工蜂会分工合作，开始采集、孵化、哺育幼虫。和蜜蜂不同，熊蜂没有蜜蜂那样整齐一致的体形和精确的孵化期，有时甚至相差20天左右，可能与饲喂水平和巢内环境有关。即使是在同一个家庭，工蜂大小相差明显，一般来说第一批工蜂都比较小。幼虫化蛹后，熊蜂开始在茧的上部外侧用蜡筑造巢室，并在新筑的巢室内产卵，蜂巢就以这种方式逐步扩大。

4. 哺育

熊蜂的卵不需要饲喂。熊蜂对幼虫的哺育主要有两种饲喂方式，一种是分批供给型，当幼虫需要饲喂时，蜂王或工蜂就会将花蜜和花粉混合，以反刍的方式通过幼虫的房孔送入幼虫巢室；另一种方式是自由取食型，也被称作"保育袋式"饲喂，即蜂王或工蜂在幼虫附近筑造蜡巢，在里面装好饲料，幼虫可以直接取食，蜂王和工蜂也会通过反刍方式喂养幼虫（图11-4）。上述两种喂养方式之间差异的社会意义在于：前一种方式可以通过控制饲料来控制幼虫的发育程度，后一种方式则不能。熊蜂蛹期也不需要饲喂。

5. 巢内环境调节

熊蜂对巢内环境的温、湿度具有一定的调节能力，只是相对于蜜蜂来说较差。当外界气温较低时，熊蜂自身会增加产热，或者给蜂巢建造一个蜡质巢盖，最大可以覆盖整个蜂巢，以减少散热；炎热的夏季，熊蜂会在蜡质的巢盖上开出许多洞，以加强通风换气，还可见工蜂在巢内或巢门口进行扇风降温（图11-5）。

此外，熊蜂也有较强的清洁行为，如把粪便排出巢外，也把巢内的死幼虫等杂物拖到巢外等。在人工饲养的条件下，熊蜂也会选择一个排粪点集中排粪。

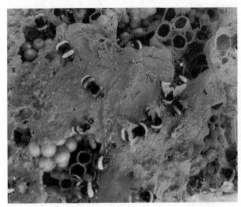

图11-5　熊蜂的蜡质巢盖（王星摄）　　图11-6　熊蜂为番茄（花上留下橘色吻痕）（王星摄）

6. 采集

熊蜂的采集行为主要是采集花粉、花蜜，其采食偏好与植物的花色、味道、花期有关。一般情况下，熊蜂具有较强的采集专一性，每次出巢只采集一种植物，在觅食范围内形成一定的采集路线，定期重复这些路线觅食。采集花粉时，花粉粒沾在熊蜂体表茂密的短毛上，一对后足上面的刚毛形成"花粉筐"用来临时携带花粉。对于采集构造较复杂的植物，它们会逐步改善采集的方法，改进采食技巧，会经过一个技术从笨拙到熟练、效率从低到高的过程，因此会使其采食技能趋于特化（图11-6）。熊蜂的采集范围一般在距巢方圆1～6千米内，蜜源缺乏时可达20千米。较大的工蜂因其有较长的喙而能够更快地收集花蜜。在夏季，熊蜂早晨5点即出巢采集，天黑才停止，有时若来不及回巢就在外面过夜。

熊蜂的"声震"绝技

熊蜂在采集过程中还有"声震"绝技。熊蜂为温室的番茄、茄子、蓝莓等作物授粉时，在温室内能听到熊蜂轻微的"滋、滋"声音。这就是熊蜂的"声震"绝技了！一些植物的花只有被昆虫的尖锐嗡嗡声震动时才能释放花粉，因此被称作"声震作物"，如番茄、茄子等。所以，应用熊蜂为这些作物授粉能显著提高作物产量和品质。

在自然界，人们发现熊蜂是番茄的有效传粉者。于是，模仿熊蜂的"声震"授粉，制作了番茄震动授粉器（图11-7，图11-8）。在突破熊蜂人工繁育技术之后，终于可以扔掉授粉器，不用人工对花或是激素蘸花了，人再也用不着做"虫子做的工作"了（图11-9，图11-10）。

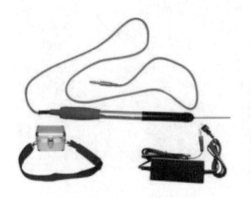

图11-7　番茄振动授粉器

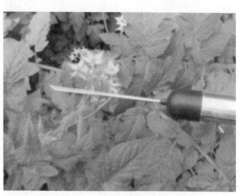

图11-8　授粉器为番茄授粉

图11-9　激素喷花

图11-10　人工对花

温度和湿度是影响熊蜂出巢数的主要因素，光照强度对熊蜂的影响比较小。对于雨后的花粉它们可能不会采集，可能因为此时的花粉湿度太大或者太黏稠的缘故。

熊蜂喙长与花冠长度近相等时熊蜂的访花频率和传粉效率最高，这是不同种类的熊蜂对不同蜜、粉源植物选择偏好的主要原因。同一熊蜂在不同生境中会偏好选择不同蜜粉源植物，同一熊蜂在同一生境也可对多种蜜、粉源植物表现偏好。蜜、粉源植物正受到人类活动的干扰而减少，熊蜂物种多样性也因此正在下降。

盗蜜的熊蜂

荷苞牡丹　　　　　　　　　　　　珠果黄堇

图11-11　被熊蜂盗蜜的植物（花的基部留下的盗蜜孔，王星摄）

盗蜜行为是一种非正常的访花行为，特指鸟类、昆虫或其他访花者在花基部的一侧打孔，从中取得花蜜，而非从花冠开口处进入。当遇到狭长的花冠时，熊蜂就会以盗蜜方式获取花蜜（图11-11）。目前已知熊蜂盗蜜的植物超过300种。盗蜜行为可能会影响植物的繁殖适合度。

在采集熊蜂标本时，注意观察，如果有些植物有被盗现象，在附近采取"守株待兔"的策略，大都可以采集到熊蜂。尤其早春时期，往往可以捕捉到蜂王。

7.贮藏行为

熊蜂蜂王会在产卵之前用蜡罐储存蜂蜜，以备自己孵化的时候食用。熊蜂出房后，巢室经过清理也用来贮藏花蜜和花粉。熊蜂不像蜜蜂那样擅长将花蜜浓缩脱水储存，熊蜂酿的蜜稀薄寡淡，储存期短（图11-12）。在蜂巢里，熊蜂把采到的花粉和花蜜经过唾液混合成较大的花粉团储存起来（图11-13）。贮量的多少与气候、蜜源条件和巢内蜂群状况有关。

图11-12　贮藏花蜜（王星摄）　　　　　图11-13　贮藏花粉（王星摄）

8. 信息传递

熊蜂分泌的信息素没有蜜蜂丰富，所以信息传递方式较为原始。在传递食物信息方面，熊蜂侦察蜂在通往食源的路上留下一条香迹，通过信息素和行为相结合的信号刺激同巢的工蜂离开蜂巢，本群采集蜂便沿着香迹去寻找蜜粉源。在求偶方面，雄性熊蜂能够分泌一些信息素，对处女王有较强的吸引作用。

9. 防御及守巢行为

两只单独饲养的蜂王相遇后会进行争斗。熊蜂遇到挑衅时，常可见熊蜂举起中足，表示警告，在受到惊吓时，有的熊蜂会在饲养箱中向外喷粪，以示抗议（图11-14）。当一只熊蜂误入它群熊蜂群时，会遭到围攻，多数会被咬死。当熊蜂群内有异类或异群熊蜂进入时，本群熊蜂会表现出振翅、快速在巢内爬行、结集同伴进行围攻等举动。

图11-14　熊蜂示警（抬起中足　王星摄）　　图11-15　交配的熊蜂（蜂王露出粗壮的
　　　　　　　　　　　　　　　　　　　　　　　　　　螫针　王星摄）

工蜂产卵

目前认为熊蜂蜂王会产生抑制工蜂卵巢发育的信息素抑制工蜂产卵。但是在蜂巢发展的后期，由于蜂王老化、生病或者死亡等或其他原因，一些工蜂卵巢发育，产下它们自己单倍体的卵并孵化。蜂王发现后会报复性地吃这些卵，然后产下自己的卵。工蜂也会吃蜂王的卵，或者把不能识别的幼虫扔到巢外。但是，在蜂巢发展早期工蜂不产卵的原因目前还不明确。工蜂产卵属于孤雌生殖，未受精卵发育成单倍体雄性。所以工蜂产卵行为原因之一可能是蜂巢发展后期雄性比例过低引起的。熊蜂工蜂产的卵是单倍体，能够正常孵化成雄蜂。

10. 弑母行为

弑母现象常会发生在蜂群发展后期。这似乎是一个渐进的过程，蜂王和工蜂之间的冲突不断增加，导致蜂王失去优势，甚至可以导致蜂王死亡。如果工蜂杀死蜂王，工蜂很可能会增加自己繁育的机会，因为他们的下一代（R=0.5）比其同胞（r=0.25）更有繁育价值。工蜂的弑母行为可能取决于蜂王的情况，以及蜂群转换早晚的决定。如果蜂王受到损伤或生殖潜能降低，有较早出现弑母行为的趋向。在蜂王与工蜂生产雄蜂的冲突中可能发生损伤，可能降低蜂王的优势。

11. 交配

在蜂群繁育后期，新蜂王、新雄蜂会离开蜂巢寻找配偶，一般不会本巢内自交。处女王和雄性蜂性成熟后一般选择在晴暖气候条件下交配。大多数蜂王落在树梢或地面，雄蜂趴在蜂王身上，用抱握器扣紧蜂王腹部，将阴茎插入阴道，然后身体后翻，并有规律地颤动，从而完成交配（图11-15）。不同熊蜂种类对交配空间要求不同，有的需要较大的飞翔空间，有的在饲养箱即可完成交配。交配的时间从10~80分钟不等，大多数种类蜂王只交配一次。某些熊蜂可以种间交配。但目前报道种间交配的蜂王不能正常繁育，其机理还有待于进一步研究，这也可能是维持熊蜂种类多样性的原因之一。但种间交配的存在还是可能带来麻烦：外来的熊蜂可能会因此影响本土熊蜂的交配行为从而造成生物入侵；还可能携带疾病对本土熊蜂产生致命的打击。

12. 滞育

昆虫的滞育是对不利环境的适应，受光周期、温度、湿度和食料等因素的影响。滞育是昆虫对不利环境条件的一种适应，也是昆虫生活周期与季节变化保持一致的一种基本手段，具有遗传特性。

新蜂王交配后，会食用大量蜂蜜和花粉来积累脂肪，然后找一个合适的场所进行冬眠，即进入滞育期。新蜂王积累脂肪使体重达到一定程度才能安全越冬。研究显示，温带地区的熊蜂蜂王滞育期一般长150～180天。翌年3—4月份才能解除。熊蜂蜂王能够滞育与否是熊蜂发展成群关键的一步。熊蜂蜂王不能成功滞育的原因，可能包括受精囊中存储物不充足、交配受精不充分、脂肪体的数量和组成不同、生殖器官没有发育等因素。

Cuckoo bees，拟熊蜂，像杜鹃一样生活！

杜鹃鸟因为其寄生行为而臭名昭著，在昆虫界，也不乏效仿者，拟熊蜂就是其中之一。听名字就知道了，Cuckoo bees！直译就是杜鹃蜂！

拟熊蜂的蜂王醒蛰晚于其他熊蜂，她花费点时间在花上觅食，让卵巢发育。然后，搜索其他熊蜂的蜂巢。但她比其他熊蜂有更强大的螫针、更强壮的颚、更厚的外骨骼（图11-16）。因此，她们在抢夺蜂巢的冲突中具有明显的优势，通常胜出。战斗通常是短暂的，当她成功地蜇刺到另一个蜂王时战斗就结束了。

图11-16　拟熊蜂（王星摄）

她成功接收蜂巢，把抢来的蜂巢当作自己的家，蜂王将会产卵，原巢的工蜂为自己抚育后代。拟熊蜂没有工蜂，所有的后代培育成雄蜂或未来的蜂王。它可能会吃掉原巢的卵和幼虫，大一点的培养成为工蜂当作奴隶。拟熊蜂的蜂王没有花粉筐，自己没打算、也不会抚育后代。拟熊蜂的这种形式的寄生被称为"巢寄生"现象。

四、熊蜂的生活史

熊蜂工蜂与蜜蜂的工蜂一样后足具花粉筐，以植物花蜜和花粉为食物，大多数地方一年一代。在温带地区，当早春花儿开放时，熊蜂蜂王从越冬栖息场所地穴或朽木钻出来，开始了它的周年生活。

蜂王从越冬场所出来后，它们会采食一段时间，以便于卵巢完全发育。花粉可提供蛋白，刺激卵巢发育，促使蜂王产卵。

　　蜂王卵巢开始发育，蜂王便开始寻找一个合适的巢穴。用其分泌的蜂蜡与野外采集的花粉混合筑造巢房，并在其中产下少数几粒卵，加盖。在巢房的周围筑造一些小蜜罐，里面贮藏着从花中采来的花蜜。蜂王用身体紧紧抱住育儿室，维持蜂子恒定温度。刚孵化的小幼虫在育儿室内集体哺育，渐渐长大变成单独哺育，直到最终做茧化蛹。从产卵到出房大约需一个月。最初出房的都是一些小工蜂，这些小工蜂帮助蜂王担任扩巢、采食、防卫等工作。此后，蜂王就专司产卵，不再做其他的工作。工蜂们培育出更多的工蜂，蜂巢急剧地扩大，从此，在巢内各种大小不一的工蜂从事着各自的工作。到盛夏，蜂群群势达100只以上（蜂种不同会存在一定差异），蜂群进入最盛期。蜂王开始产下未受精卵，一段时间后，培育大量雄蜂。受精卵发育成新的处女王，处女王和雄蜂交配后不断的取食花蜜和花粉，待体内的脂肪体积累充分时，新蜂王离开原蜂群，寻找到合适的越冬栖息场所休眠越冬，直到翌年春天。不久，老蜂王死亡，蜂群走向衰退，最后自然解体消亡（图11-17）。

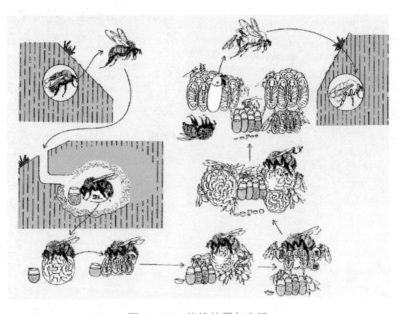

图11-17　熊蜂的周年生活

五、熊蜂的周年繁育

　　在自然界，一般熊蜂是一年一代，但在人工控制条件下，模拟自然环境条件，通过打破蜂王的滞育期，实现一年多代周而复始的繁育，即熊蜂的周年繁育。

熊蜂的周年繁育，一般遵循如图所示的工艺流程，其中诱导蜂王产卵、蜂群转移、种用蜂群处理、蜂王雄蜂交配、蜂王储存、蜂王滞育处理和蜂王激活形成周而复始的循环，是实现熊蜂周年繁育的关键环节（图11-18）。

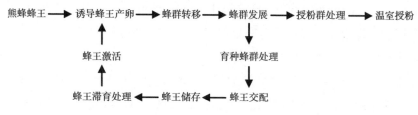

图11-18　熊蜂周年繁育的工艺流程

图11-19　红光熊蜂的蜂巢（王星摄）

实验证明，在我国小峰熊蜂、明亮熊蜂、红光熊蜂、密林熊蜂及兰州熊蜂是适合人工周年工厂化繁育的本土熊蜂种（图11-19）。熊蜂蜂王一般会在实施诱导后2周内开始产卵。自然越冬的野外环境下，蜂王的产卵率高，在蜂王产卵之前，要及时供给配制的人工饲料，保证充足营养，促进蜂王的卵巢发育，成功诱导蜂王产卵具有极大的帮助。蜂王产卵和第一批蜂发育的整个过程，一般是在小蜂箱中饲养的，很小的空间就足够蜂王使用了，当第一批工蜂出房后，小饲养箱的空间不适应蜂群发展的需要。此时把小蜂群转移到大蜂箱内进行饲养，称作蜂群转移。一般在第一批工蜂出房后根据蜂群状况选择蜂群转移时间，从蜂王产卵到蜂群转移的时间为22～34天。熊蜂蜂群的发展主要是受温度、湿度和光照等环境因素影响，人工繁育的车间温度控制在27～30℃，相对湿度控制在50%～70%，熊蜂的发育不像蜜蜂的那么严格，在不同的环境条件下，熊蜂的发育状况有很大的差异，在适宜的环境下，从诱导产卵到成群（群势达到60只左右时）大概需要50天。根据蜂群发展状况选择性地将小蜂群移至授粉专用箱，在第二批工蜂出房时，要做好控制工蜂产卵的措施，以防止工蜂和蜂王竞争产卵而导致蜂群过早衰败。当群势达到50～60只时，就必须对其进行授粉前的预处理，先用专用保温物覆盖巢房，移至温度较低的缓冲间预冷2～3天，然后再装箱送入温室授粉应用。由于授粉专用箱内配备充足的饲料，蜂箱送入温室后不需专门管理。

选择一部分小蜂群移至育种箱作为种用群，放置于较高温度的繁育间，同时要加大饲料的供给量，保证营养充足。当群势发展到一定阶段时，蜂王产的卵中出现未受精卵，标志到了蜂群的转折点（距第一批工蜂出房20天左右），未受精卵发育成雄蜂，一部分受精卵发育成蜂王，即出现性别分化。大多数的蜂群先出现雄蜂，后出现蜂王，也有的蜂群先出现蜂王，后出现雄蜂，个别的蜂群只出现雄蜂或蜂王。一般要选择蜂王产卵力旺盛，蜂群转折点较晚的蜂群作为种用群，因蜂群中工蜂越多养成的蜂王就越多。

将性成熟的新一代蜂王和雄蜂放入交配笼，在一定的性别比和环境条件下交配。对于不急于饲养的蜂王要进行贮存。利用冰箱的贮藏室，将温湿度控制在适宜的范围内进行贮存。一般贮存1个月时间蜂王的死亡率小于5%。在自然界，交配后的蜂王要经过休眠越冬，直到第二年春天才可筑巢产卵繁殖后代。而商品化熊蜂群的生产，采用麻醉剂等处理办法来打破或缩短蜂王的滞育期，使其在很短的时间内经历了休眠期体内所要经历的生理变化，从而达到打破蜂王滞育期，根据温室蔬菜授粉的需要，缩短或打破蜂王的滞育期，使其提前繁殖后代。贮存过的蜂王，尤其是经过长时间贮存的蜂王，体内的脂肪体消耗较多，处理后不宜直接用于繁育，而要经过一段时间的激活，待体内的营养积累充分、卵巢管发育完全时再进行诱导产卵的饲养。这一过程需要2周左右，主要通过温湿度的变化和饲料的供给量来调节。激活后的蜂王，就可以诱导其筑巢产卵，开始下一个繁育周期。

六、熊蜂的授粉应用

1. 蜂群的运输

熊蜂的授粉专用箱为纸箱，里面装有液体饲料，在运输过程中严禁倒置和倾斜。熊蜂的巢体较小而且容易受损，不能承受过大的震动和颠簸，应选择稳定性能较好的车辆运输，轻拿轻放。

2. 放蜂的数量

授粉蜂群出厂时群内有80～100只成年蜂，一般一群蜂可以满足1～2亩温室作物授粉需要，与作物种类和管理有关。蜂群的授粉寿命为45天左右。因此，要根据温室面积决定放蜂数量；花期较长的作物要及时更换蜂群。

3. 放蜂时间

预测温室作物的始花期，要选择作物初花期放入蜂群，不能提早放置蜂群等待开花，浪费蜂群的授粉寿命，达不到满意的授粉效果。

4. 蜂群的摆放

蜂箱应放置在温室中部，巢门朝南挂于温室的墙壁或放于适宜高度的支架上，应保证蜂箱干燥和向阳，高度要随着作物花朵的高度进行适当的调节，确保有利于熊蜂认巢和采集活动（图11-20，图11-21）。

图11-20　授粉熊蜂在温室的摆放（王星摄）

图11-21　正为温室草莓授粉的熊蜂（王星摄）

5. 蜂群的管理

蜂群放入温室后，不宜立即开启巢门，应静置2小时，等蜂群处于平静状态的时候再开启巢门。可以通过观察进出巢门的熊蜂数量判断蜂群是否正常，在晴天的9：00—11：00，如果20分钟内有8只以上的熊蜂飞入或飞出蜂箱，则表明蜂群处于正常状态。箱内贮有饲料，无须另外饲喂。在授粉期间应尽量避免使用农药，因农药对蜂群正常采集造成一定影响。如必须使用农药、应在前一天的傍晚蜂归巢后关闭巢门，将蜂群移到缓冲室（休息室），用药后，待药味消失后放回原地，安静后打开巢门。

七、温室熊蜂授粉影响因素及常见问题处理

我国是世界设施园艺第一生产大国，设施园艺面积占世界总设施园艺面积的

85%以上，在解决我国蔬菜周年均衡供应方面发挥了巨大作用。其中设施蔬菜、果树、瓜类都需要大量的授粉蜂群。由于温室内设施条件、温湿度变化、温室作物花期特点与熊蜂自然状态下繁殖、采集行为都有明显不同。因此，加强温室内熊蜂的管理，了解熊蜂温室授粉的影响因素，正确处理异常问题，在现代温室生产中就尤其重要。

1. 熊蜂温室授粉影响因素

（1）温室状况。使用熊蜂授粉前首先考虑安装防虫网。在温室的通风口用防虫网封闭，检查棚膜完整性，及时处理破损处，防止熊蜂外逃。

由于熊蜂对农药敏感，在放蜂之前要确定温室内是否使用过高毒、强内吸的违禁农药，如近期使用过这类农药，就暂时终止放蜂，以免造成蜂群损失。

（2）熊蜂入室时间。要正确预测温室作物花期，提前预订授粉用以熊蜂。只有熊蜂成群时间与温室作物开花时间一致才能保证最好的授粉效果。当作物开花数量达到20%左右时放入熊蜂最佳，熊蜂进入温室后就能正常授粉。

有些用户认为熊蜂只要存放温度适合，对授粉不会有影响，常常提前购买熊蜂。但熊蜂授粉箱内贮存的花粉有限，因此容易造成蜂群饥饿，导致成年工蜂寿命缩短，并影响幼虫饲喂与孵化，最终影响熊蜂的授粉时间和授粉效果。进入温室时间过早，熊蜂食物来源不充足，同样影响熊蜂使用寿命和幼虫生长。现象是巢内缺少幼虫，贮蜜充足，但工蜂出勤不积极。

（3）温度。熊蜂授粉的适宜温度为10～28℃温度影响熊蜂的访花行为。温度过低，熊蜂会加强巢内的保温，有更多的熊蜂参与到巢内孵化及蛹虫的保温，从而影响工蜂的出勤。具体表现是熊蜂紧紧地贴在茧房上，身体的腹部收缩产热。当蜂箱周围温度达到30℃时，巢内的熊蜂开始采用翅扇风的方式降温。因此，冬季在温室内摆放熊蜂时，蜂箱最好是放在温室后墙上，距离地面1～1.2米，并在蜂箱上方搭建遮阳板，防止阳光直射蜂箱。

（4）湿度。熊蜂适宜的授粉相对湿度为50%～70%。北方冬季往往会出现湿度过高的现象，尤其是早晨比较突出。熊蜂在高湿情况下采集，影响花粉收集的效率，高湿往往导致花粉黏性强，以致熊蜂的梳粉时间过长，影响其访花频率。而且，湿度过高也影响花的发育及花粉活力，影响授粉效果。

（5）授粉面积与授粉时间。熊蜂授粉面积与作物的种类、温室内花的数量多少、植物泌蜜、吐粉情况有关。

温室蓝莓的蜜、粉丰富，蜂群在温室内能正常繁殖，群势也呈明显的上升状态。而番茄没有蜜腺，产生的花粉也不多，熊蜂入室后最好及时、充足地补充糖浆，否则导致熊蜂使用寿命明显缩短。一般熊蜂使用时间为4～7周。

2. 熊蜂授粉常见问题及处理

（1）熊蜂飞逃。熊蜂的趋光性比蜜蜂差，温室内有大量作物开花时一般都正常采集，很少飞逃。出现熊蜂飞逃时，熊蜂巢内没有不良症状，大量工蜂消失，多见温室没有防虫网或防虫网封闭不严，温室棚膜有孔洞。温室内作物开花少，外界气温高，情况会更严重。

处理方法：检查防虫网，修补漏洞，如果工蜂数量减少严重，建议增加新的授粉熊蜂，作物开花20%后再放入熊蜂，蓝莓一般在见花后1周放入熊蜂比较适合。

（2）高温危害。正常情况下蜂巢表面有蜂蜡做成的蜡质巢盖，是熊蜂防止热量散失的一种措施。一旦遇到高温危害，熊蜂在蜡质巢盖上打开多个孔洞，呈现褐色，严重时伴有工蜂身上绒毛褪掉，背部出现无毛症状，甚至造成蜡质巢房边缘熔化，大量幼虫死亡等症状。

处理方法：加大温室通风，按要求正确摆放熊蜂，如果不能完成授粉任务，尽早增加新的授粉蜂群。

（3）高湿危害。温室内湿度长时间过高，装熊蜂的纸箱因反复吸潮发生变形，蜂巢内往往多种霉菌迅速生长工，蜂巢内出现长毛现象，出现不同颜色的菌丝，工蜂身上绒毛粘在一起，湿漉漉的感觉（图11-22）。

图11-22　湿度过高，箱内长满霉菌　　图11-23　熊蜂中毒死亡（后足带有
　　　　　　（王星摄）　　　　　　　　　　　　　　花粉王星摄）

处理方法：加大温室通风，夜间用废旧棉质衣物覆盖蜂箱，如果不能完成授粉任务，尽早增加新的授粉蜂群。

（4）熊蜂中毒。熊蜂发生中毒时表现为工蜂数量急骤减少，部分工蜂爬行，抽搐，作物行间和过道有工蜂死亡，蜂巢内出现大量死亡工蜂，幼虫大量死亡，蜂群不再正常固定排泄地点，排泄物遍布蜂巢（图11-23）。

处理方法：指定地点购买和使用正确使用低毒、低残留农药。发现熊蜂中毒时应迅速转移蜂群，加大温室通风，如果不能完成授粉任务，尽早增加新的授粉蜂群。

廖秀丽等人研究了6种杀虫剂对小峰熊蜂头部发挥乙酰胆碱酯酶抑制作用，抑制作用均呈现明显的剂—效关系，抑制作用强弱依次为：异丙威＞毒死蜱＞三唑磷＞仲丁威＞残杀威＞丙溴磷，即小峰熊蜂对异丙威最敏感，而对丙溴磷的敏感性最弱。

（5）熊蜂工作不正常。有时熊蜂只在温室部分区域的工作，只采一部分花。温室中种植不同品种花期不一致，往往出现这种现象。有时同一温室中的同一品种作物，因为温室不同区域温度有差异，造成花期不一致或部分花芽分化不正常，没有花粉吸引熊蜂前来采集。同一温室种植不同作物，熊蜂也会有采集偏好。比如，草莓和番茄在同一个温室，熊蜂更趋向于采集草莓。

处理方法：将不同品种作物进行隔离，并增加熊蜂为另外隔离区作物授粉；如果只是因为花期交错，可考虑增加授粉蜂群，为晚期花授粉；如果发现熊蜂在蜂箱附近采集的多，在远处采集的少，则可能是工蜂数量不足，尤其是在盛花期，花量增加，发现工蜂数量不足应及时补充新的授粉蜂群。

如果出现蜂箱内有大量熊蜂，但熊蜂只在温室顶部或作物间乱飞，不采集花粉，则可能是温室中有农药残留，散发异味，或是强内吸农药通过植株传导到花粉上，导致熊蜂抵触。花芽分化不好也有类似症状。如果温室内湿度过高，花粉黏性增强，熊蜂采集不积极，即使采集，熊蜂梳粉时间也明显延长。

处理方法：如果是农药原因，则加大通风，散味；花芽分化不良应提高夜间温度，促进花芽分化；湿度过高，与通风或温室塑料膜种类有关。应及时查找原因采取不同处理措施。

（6）群势下降。进入温室授粉的熊蜂，蜂群中工蜂至少在60只以上才认为达到成群标准，可以用于温室授粉，大多可达80～100只。在正常情况下，蜂群进入温室后，通过采集花蜜、花粉，饲喂幼虫，一段时间后会有新的蛹，表现为蜂巢扩大。后期有新的工蜂、蜂王或雄蜂出房，群势上升明显，尤其是在为蜜、粉充足的作物授粉时，这种现象非常明显。但有些作物如番茄，产生花粉较少，没有蜜腺，草莓蜜腺分泌花蜜较少，如果不及时补充糖浆饲喂，会造成蜂群饥饿，群势上升不明显甚至影响工蜂寿命。购买熊蜂过早，箱内自带饲料不足，应适当补喂糖浆、花粉，以免造成蜂群饥饿。

处理方法：根据作物的花期长短、作物种类、熊蜂购买时间适当补充饲料。

八、熊蜂授粉适用作物

熊蜂为农作物授粉范围十分广泛，可以为果树（樱桃、油桃、杏、李子、蓝莓、软枣猕猴桃、草莓等）、瓜类（黄瓜、甜瓜、西瓜、南瓜）、茄科作物（茄子、番茄、辣椒）、葫芦及蔬菜制种（白菜、胡萝卜等）提供有效授粉。现在，除了温室作物，大田种植作物也取得了很好的授粉效果，应用前景非常广泛。

图11-24 一只授粉熊蜂在花间忙碌   图11-25 熊蜂为蓝莓授粉（蔡晓华摄）
（戚万鹏摄）

先看一则老新闻

3月30日，在丹东同兴镇的温室大棚里，一只授粉熊蜂在花间忙碌。今年1月，丹东市科技部门首次从荷兰引进熊蜂群，试验性投放到城郊农业园区，为部分日光温室大棚蓝莓、番茄等作物进行生物授粉获得成功。"熊蜂授粉"取代了劳时费力的人工蘸花授粉，有利于提高果菜的产量和品质。荷兰熊蜂属蜜蜂科，性"憨厚"、形体大、绒毛厚、耐低温、访花快，授粉效率高，是日光温室农作物的最佳"授粉工"之一（图11-24）。

（戚万鹏／本报记者／蔡晓华摄）

这是2011年的事，当时熊蜂也当了把明星，上了新华网，换成现在，估计能成网红（图11-25）。

怎样区别番茄是否是熊蜂授粉产品？

熊蜂授粉的番茄果形圆正，单果沉重。激素蘸花番茄表面有时会有喷花时残留的激素，单果重轻，经常出现"空心"，有时会有畸形。

熊蜂授粉番茄果实上没有花的残留；激素喷花番茄花不脱落，残留在果实后部。

熊蜂授粉番茄生长过程中花在果实前部自然脱落，防止灰霉病的发生；由于喷花引起湿度高，易患灰霉病。

切开后，熊蜂授粉番茄明显籽粒饱满（上），多汁，口感觉好；激素喷花番茄籽粒少，口感差。

熊蜂授粉番茄坐果期生长缓慢，从结籽后生长速度快，能提早上市；激素喷花番茄坐果期生长快，后期生长慢，上市时间晚。

熊蜂授粉番茄产量高，增产幅度可达15%～30%甚至更高。

图11-26　熊蜂为温室番茄授粉（王星摄）

图11-27　激素喷花的番茄（王星摄）

图11-28　熊蜂授粉番茄（花在果实前端，
　　　　　自然脱落　王星摄）

图11-29　熊蜂授粉番茄籽粒饱满（上）和
　　　　　激素喷花籽粒少（下）对比（王星摄）

表11-1 熊蜂授粉与激素喷花番茄比较

熊蜂授粉番茄	激素喷花番茄
果型圆正	果型不正甚至有畸形
果实上没有残留的花儿	残留的花儿夹在柄上
种子多，口感好	少籽甚至无籽，口感差
果实饱满，增产15%~30%	果重小，产量低
花儿自然脱落，减少灰霉病的发生	花儿不脱落，高温高湿环境下易诱发灰霉病

熊蜂为蓝莓授粉，也体现出果实成熟早、优质果率提高（果实直径大）、产量提高等优点。

熊蜂为草莓授粉时，熊蜂在草莓花上作360°旋转并伴有声震，畸形果率低，一次完成有效传粉。蜜蜂在草莓花上一侧停留，多次才能全面授粉。

熊蜂授粉后的豆角顺直、坐果率高；而未经熊蜂授粉的豆角，仅有一部分花能坐果。

利用熊蜂为甜椒授粉，不仅能确保坐果率和果实的周正，而且皮厚，富含种子，增产20%以上。

熊蜂为茄子授粉果实紧实，坐果率高。

图11-30 熊蜂为向日葵授粉（王星摄）

图11-31 熊蜂为樱桃授粉（王星摄）

图11-32　熊蜂授粉（左）与
激素喷花甜瓜（右）比较
（王星摄）

图11-33　熊蜂为温室草
莓授粉（王星摄）

图11-34　熊蜂为茄子授粉
（王星摄）

九、熊蜂病敌害

1.敌害

在温带地区，熊蜂的主要捕食者可能是鸟类和蜘蛛。在芬兰，大山雀广泛捕食熊蜂（图11-35）。但是这也依赖于熊蜂相对容易捕捉的状态，采集花蜜使熊蜂行为迟缓，因此容易抓住。大山雀去除头部和尾部螫针，取食腹部和胸部内容物。通常在开花的树下，经常发现留下的孔洞胸部或头部，内容物已经被吃光。大多数蜘蛛网太脆弱，不能捕获熊蜂，但北美种类的一种蜘蛛（金蛛*Argiope aurantia*）经常捕食熊蜂（图11-36）。

图11-35　大山雀（引自张彦文）

图11-36　蜘蛛（王星摄）

不同种类熊蜂对蜂巢防卫积极性差异很大。一些物种，包括地熊蜂（*B. terrestris*），攻击他们蜂巢附近的入侵者，进行撕咬和螫刺。但在饲养初期，印度谷螟还是有机会首先在花粉上产卵，取食花粉，进而威胁幼虫和蛹（图11-37，图11-38，图11-39）。随着蜂群工蜂数量增多，印度谷蜡螟很难再有机会危害蜂群。人工繁育过程中仍然要注意防控，注意及时清理巢内多余饲料，不留缝隙死角，或是使用印度谷螟诱捕器（图11-40）。

图11-37　正在交配的印度谷螟（王星摄）

图11-38　印度谷螟在花粉团上产卵（王星摄）

图11-39　印度谷螟为害熊蜂蜂巢（王星摄）

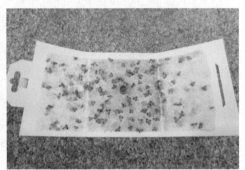

图11-40　诱捕印度谷螟成虫（王星摄）

2. 病虫害

（1）病毒。目前发现两种熊蜂病毒病：一种是急性麻痹病是由蜜蜂成年蜂的急性麻痹病病毒引起的，对许多熊蜂都有致病性。另一种是昆虫痘病毒引起的病毒病，已从美国几种熊蜂成年熊蜂上分离出此病毒。

（2）螺原体。螺原体是最近发现的一类感染动植物的原核生物，如蜜蜂螺原体在美国马里兰的熊蜂的血淋巴和熊蜂的肠道中发现，但对熊蜂的致病性仍不清楚。

（3）细菌。最近在北美、欧洲和新西兰的死蜂肠道中发现细菌特别多，仍没发现对幼虫有大的危害。

徐龙龙研究兰州熊蜂肠道菌群发现，主要有*G.apicola*、*S.alvi*、*F. fructosus*和*Bifidobacterium*这4个种属的细菌群，其中共生菌*G. apicola*和*S. alvi*是其体内的优势菌。工蜂出房后15天左右形成稳定的共生菌群。研究结果可为开发含益生菌制剂的饲料及促进熊蜂大规模的商品化和产业化饲养方面提供理论基础。*Bifidobacterium*是蜜蜂体内重要的益生菌，参与蜂蜜、蜂粮的酿造和蜜蜂对糖类物质的代谢。熊蜂也以花粉和花蜜为食，因此熊蜂体内存在的*Bifidobacterium*可能也发挥着与蜜蜂中相似的功能。

（4）真菌。北美和欧洲报道感染熊蜂成年蜂的真菌有拟青霉属的白僵菌、轮枝孢属的绿僵菌、亮白曲霉等。不同菌株的寄主不同，对寄主的毒性也不同。试验研究发现灭菌的越冬场所熊蜂王死亡率只有3%～5%，没有灭菌的越冬场所蜂王死亡率为50%～80%。迄今为止，真菌和食物短缺仍是冬天和早春熊蜂蜂王死亡的主要原因。

（5）线虫。熊蜂只有一种寄生性线虫。已在22种欧洲熊蜂、15种美国熊蜂和7种拟熊蜂上发现。线虫是熊蜂最多的寄生虫之一。交配过的雌性线虫在土壤中冬眠，进入蜂后的肠道或角质层，并且在血腔中居留。宿主通常被多种线虫感染。雌性线虫将卵产入动物体内的血腔，迅速孵化，产生大量后代。未成熟线虫迁移到肠道，并与粪便一起排出。它们在土壤中达到成年和交配，完成循环。我国这方面还没有研究报道。

（6）寄生螨。至少有15个属的螨虫与熊蜂有关。经常发现它们附着在成年熊蜂身上，特别是蜂王。螨虫的运动能力很差，但是它们体积的很小，所以可以很容易地附着在更大的生物体上搭便车，利用成年蜂在巢穴之间运输。有些螨虫本身不以熊蜂为食，它们随熊蜂进入巢中后便离开熊蜂，在熊蜂巢中繁育，以巢中的粪便、废弃的花粉为食。有人认为体外寄生螨对熊蜂没有危害。但是，也有人认为侵染后必然妨碍蜂后的飞行、觅食、交配和寻找冬眠场所。有些是真正的寄生螨，直接取食其宿主的血淋巴，通过感染降低熊蜂的健康度。在饲养野生蜂王时发现，有大量寄生螨的蜂王寿命较短（图11-41）。此外，气管螨也发现寄生于熊蜂中。

（7）熊蜂微孢子虫。熊蜂微孢子虫病通常是指由熊蜂微粒子（*Nosema bombi*）寄生引起的熊蜂疾病。李继莲对熊蜂微孢子虫病进行了较系统的研究。从外部形态看，呈卵圆或椭圆状，在显微镜下带蓝色折光，感染的熊蜂外观上无明显的疾病症状，被感染的工蜂常变得行动迟缓，提早死亡，严重的可能导致蜂群的衰亡（图11-42）。微粒子造成蜂王下痢、腹部肿胀、瘫痪，严重感染的蜂王在越冬前就会死去，中度感染的蜂王虽然可以活过越冬期，但是产卵推迟不能成群，寿命缩短。研究国内熊蜂蜂王感染微孢子虫的情况，发现微孢子虫的感染率很低，死亡率也极低。

图11-41　红光熊蜂身上的寄生螨（王星摄）　　图11-42　熊蜂微孢子虫（引自李继莲）

十、熊蜂的生物入侵

通风口和门上使用防虫网可以减少熊蜂的逃逸，这是日本惯例，并在法律上得到执行（尽管欧洲熊蜂在已经建立野生种群，已经相当迟了，这仍是个经典的亡羊补牢的例子）。预期这将为非本地物种入侵提供一个障碍，但是这是一厢情愿的乐观态度。一些熊蜂必然会逃离商业温室（玻璃破碎，防虫网撕破，门打开等），我国甚至没有使用防虫网的任何官方要求！更严重的是，大田作物也开始应用熊蜂授粉技术。欧洲熊蜂将会不可避免地、不断地逃逸，几乎肯定会最终建立野生种群。与人类对环境的许多其他影响不同，外来物种的引入通常是不可逆转的。一旦野生种群建立，根本不可能移除。同样，如果一个外来的病原体伴随逃逸到野生的蜜蜂种群，那根本就没有办法。由于塔斯马尼亚（澳大利亚）欧洲熊蜂种群的遗传研究表明，它可能是由一两个蜂后创立的，从玻璃温室逃脱的一只交配的蜂王也许就足够了。并不意味着这些过程不会在我国发生。几乎可以肯定，引入新的蜜蜂物种对自然生态系统有严重的影响，只是我们还没有开始理解。

熊蜂生物入侵离我们有多远？

欧洲熊蜂（*Bombus terrestris*）饲养成活率高，蜂群工蜂数量多，是商业化程度最高的熊蜂品种，在全球范围内的销售，被大量出口到自然分布区外为作物传粉，现已在澳大利亚、新西兰、日本、以色列、智利和阿根廷等国家建立野生种群，已经形成熊蜂生物入侵的事实。美国为防止外来熊蜂入侵的发生，不得不研究培育本土熊蜂，经多年努力终于获成功。

欧洲熊蜂与本土熊蜂竞争蜜粉源植物和筑巢地点，传播寄生螨、线虫等原生动物病虫害，还能与本土熊蜂杂交产生不育子代。中国从1998年开始引入欧洲熊蜂为温室作物传粉，现在每年引进授粉熊蜂数量数以万计，我国正面临严峻的外来熊蜂入侵的威胁。欧洲熊蜂入侵可能引起我国本土传粉昆虫生物多样性降低，进而危害我国生态系统传粉功能的安全。中国气候多样，植物种类众多，具有欧洲熊蜂适生环境，欧洲熊蜂极有可能入侵我国（图11-43）。

图11-43　欧洲熊蜂采集花粉（王星摄）　　图11-44　蜂群末期产生大量的蜂王蛹
（王星摄）

中国是全世界熊蜂种质资源最丰富的国家，已知熊蜂120余种，占世界熊蜂种类总数的46%。由于在熊蜂授粉应用研究领域起步较晚，产业化水平仍待提高，我国温室作物授粉目前主要依赖进口熊蜂（图11-44）。因此对本土熊蜂进行繁殖、选育，替代进口授粉熊蜂，是促进农业生产，保证生态安全，防止生物入侵的有效途径。

当务之急：授粉结束，待熊蜂回巢后关闭巢门，及时撤出蜂群，交给经销单位回收处理；使用熊蜂授粉生物安全巢门（专利号：ZL201620066089.6），尽量防止外来熊蜂逃逸，避免造成不可挽回的影响。

如果在野外发现野生欧洲熊蜂蜂巢，就可以定性为生物入侵。但是，熊蜂蜂巢多分布在地下，很难发现。也许等到我们发现时，可能这些不速之客已经在野外大量筑巢了。

因此，是时候对熊蜂授粉进行正确的科普宣传和技术指导了（图11-45，图11-46）。

图11-45　宣传普及熊蜂授粉知识（王星摄）

图11-46　指导熊蜂授粉（于鲲摄）

第十二章　壁蜂饲养与授粉应用

一、壁蜂生物学特性

壁蜂是蜜蜂总科、切叶蜂科、壁蜂属昆虫，目前，全世界已发现的壁蜂有70余个种，但被人们驯化利用的不足10个种。现中国研究开发利用的蜂种包括凹唇壁蜂、紫壁蜂、角额壁蜂、壮壁蜂和叉壁蜂5种。

壁蜂具有耐低温，访花速度快，授粉均匀、管理方便，尤其是有能抵抗恶劣天气出巢采集的特点，可以弥补蜜蜂在低温及雨天不能出巢采集和授粉的不足，深受果园生产者的欢迎。由于杀虫剂、除草剂等农药大量使用，野生传粉昆虫的数量减少，通过对壁蜂授粉可以弥补野生授粉昆虫的不足，提高农作物产量。

20世纪40年代，日本首先利用当地的角额壁蜂，并成功地将其应用于苹果、梨等果树的传粉。美国1972年开展对壁蜂的研究，为苹果、扁桃、豆科牧草授粉取得成功。中国陆续展开了各种壁蜂的生物学性状研究，并在果树、蔬菜等作物上进行授粉试验。壁蜂是早春活动的昆虫，主要适用于春天开花的果树，如苹果、杏树、梨树、桃树、樱桃等。释放壁蜂授粉，苹果、梨的坐果率比自然坐果率提高0.5～3.2倍，桃提高1.6～1.8倍，杏提高1.2～2.7倍，樱桃提高2.3～3.0倍。此外，在沙田柚、芒果授粉试验均取得成功，青花菜进行制种、油菜制种试验也取得良好授粉效果。

1. 壁蜂的外部形态特点

（1）雌性成蜂。体毛灰黄色，体长因蜂种不同而不同，体长10～15毫米。腹部腹面具有多排排列整齐的腹毛——腹毛刷，腹毛为橘黄色至金黄色，是壁蜂的采粉器。雌性蜂无蜡腺，通常在天然管状洞穴营巢，并用泥土隔离巢室和封闭巢口。

图12-1 雌性壁蜂的腹毛刷

图12-2 壁蜂巢管

（2）雄性壁蜂。头、胸及腹部第1～6背板有灰白色或灰黄色毛，体长10～18毫米，腹部腹面没有腹毛刷（图12-1）。雄蜂复眼内侧和外侧各有1～2排黑色长毛。

（3）卵、幼虫和蛹。卵长椭圆形，略弯曲，白色透明，长2～3毫米。幼虫体粗肥，呈C形，体表半透明光滑，长10～15毫米。蛹初期呈黄白色，以后逐渐加深。茧暗红色，茧壳坚实，外表有1层白色丝膜，茧直径5～7毫米，长8～12毫米。

2. 壁蜂的营巢习性

在自然界，交配后的雌性壁蜂，利用比其身体稍大、直径为7～10毫米的天然的孔洞作为巢穴。壁蜂通常在其原巢或蜜源附近建巢，并较喜爱在朝南或东南向的巢穴筑巢。壁蜂是独居性昆虫，但它喜欢与同类聚生，在一些较集中的天然巢穴上，常常可以见到多只壁蜂各自筑巢，繁殖后代。它们可以在同一块巢块或巢板上营巢，各自采集和培育后代。壁蜂的这一营巢习性为人工饲养它们提供了有利的基础（图12-2）。

壁蜂的巢管由一系列巢室组成。已交配的雌蜂在3～4天内选定巢管，开始筑巢产卵。筑巢时，先用泥土封堵巢穴的底部，然后用采集的花粉加入花蜜制成"蜂粮"，存放在巢底部，然后在蜂粮上产下1粒卵，并用泥土封闭，完成第1个巢室的产卵和建造。接下来，重复制蜂粮、产卵、封闭巢室工作，直至造满巢室。最后，用泥土封闭巢口。一般地，每个巢室长约20毫米，1个长度为150～200毫米的巢穴（巢管），通常有7～10个巢室，1只雌蜂可建造3～4个巢，产30～40粒卵。

3. 壁蜂的生活史

壁蜂一年一个世代，一年中有300多天在巢管内生活，成蜂在自然界活动时间为30~60天。壁蜂出房的时间，因蜂种和当地气候的不同差异较大。雄性壁蜂在自然界中的活动时间一般20~25天，完成交配活动后死亡。壁蜂的雌蜂在自然界中活动时间一般为35~40天。成蜂只有经历冬季长时间的低温和早春的长光照，才能打破滞育。当环境温度达到12℃后，在茧内休眠的成蜂苏醒，破茧而出，开始进行寻巢、交配、采粉、筑巢和繁衍后代等活动。壁蜂茧可在人工低温条件（1~5℃）进行贮存以延长成蜂的滞育时间，为开花较晚的果树或者设施栽培作物进行授粉。

筑巢：在3—4月份，新出房的雌性壁蜂与它群新出房的雄性壁蜂交配（图12-3）。交配过的雌蜂在3~4天内选定巢穴（巢管），然后开始筑巢产卵、筑巢。

图12-3　交配的壁蜂（王星摄）

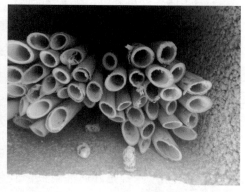

图12-4　壁蜂筑巢（王星摄）

壁蜂必须经过冬季长时间的低温期作用和早春的长光照感应才能解除成蜂的滞育期。人工饲养壁蜂时，一般经1~5℃低温处理2~3个月可解除其滞育。

早春气温回升至12℃以上持续几天后，处于冬眠期的雄性壁蜂先开始破茧出房。雄蜂一般要比雌蜂提早3~4天出房。雄蜂破茧出房后，多数在蜂箱附近作短暂飞行，并在巢穴附近阳光下等待雌蜂出房与雌蜂交配。雄蜂在等待与雌蜂交配期间，通常花较多时间到花上取食花蜜和花粉，并使性器官发育成熟。雌蜂与雄蜂交配在白天进行，每次交配时间约30分钟。通常，雄蜂可与几只雌蜂交配，而雌蜂只交配1次。蜂巢附近经常发生雄蜂之间争斗竞争雌蜂的现象。交配过的雄壁蜂几天内陆续死亡。交配后的雌蜂，选定巢穴、采集花粉、筑巢、产卵、培育下一个世代的壁蜂。壁蜂也是孤雌生殖，受精卵发育成雌性蜂，未受精卵发育成雄蜂。

4.蜂采集习性

壁蜂的访花方式为顶采式。壁蜂雌蜂访花时，用喙吸取花蜜，同时用腹部的腹毛刷紧贴雄蕊，中、后足蹬破花药使花粉粒完全爆裂，通过腹部的快速运动进行花粉的收集。

一般地，1天中壁蜂的采集活动期在8—18时，而9—15时采集最活跃。又壁蜂1天的采粉时间约12小时，一般上午7时气温达10℃以上即可开始采集，10—15时采集达到高峰，18时后陆续回巢，19时停止采集。壁蜂采集活动主要受温度（气温）和风的影响。壁蜂在晴天无风的天气时采集活动多，阴雨低温或4级以上大风天气出巢采集活动就大大减弱。壁蜂主要在蜂巢附近60～100米内访花授粉。

二、壁蜂的人工饲养技术

壁蜂的饲养不是完全的人工饲养。壁蜂的人工饲养，而只要为壁蜂的繁殖提供巢穴、收存巢块或巢板和采取适当措施控制壁蜂访花时间等即可。

1.人工巢穴

人工饲养时，通过提供人造直径为6～8毫米，长度为150～200毫米的巢管或巢板，让壁蜂自然营巢，繁衍后代。当给壁蜂提供的巢管直径为6毫米时，壁蜂只产未受精卵培育雄性壁蜂；采用长200毫米的巢管时培育的雌性壁蜂要比采用长110毫米的多。

苇管：将芦苇锯成150毫米长，一端留茎节，一端开口的巢管，管口用砂纸磨平，不留毛刺。然后几十支巢管扎成捆，形成巢块（图12-4）。

纸管：纸管的内径为6～6.5毫米、壁厚1～1.2毫米、长度为150～160毫米。纸管两端切平，一端用牛皮纸涂乳胶封底作管底，另一端敞口并染成不同颜色，以便壁蜂识别颜色和位置归巢。用铁丝或塑料绳扎成1捆，形成巢块。

塑料管：用内径约7.5毫米，长为150～200毫米的塑料管，管的一端封闭形成巢管，然后数十支巢管装在1个较大的硬塑料管内构成巢块（图12-5），市面上也有不同类型塑料巢管。

人工巢板：现在有批量生产人工巢板出售，为人工饲养壁蜂提供便利（图12-6）。

图12-5　塑料巢管　　　　　　　　　　　　　　图12-6　巢板

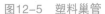

2. 壁蜂的繁殖

巢块（巢板）的安放。通常每隔25～30米设置1个放蜂点。壁蜂的有效授粉范围在60～100米，所以在排放授粉壁蜂巢块（巢板）或壁蜂茧时，应采用多点设巢的方式，使得壁蜂的采集能达及整个授粉区域。在授粉区释放壁蜂有通过安放带蜂巢块（巢板）和蜂茧2种形式。在以巢块（巢板）的形式放蜂时，通常将巢块（巢板）直接固定在朝南或朝东南、上午阳光能照得到的建筑物墙壁或树干避风处。在以蜂茧的形式放蜂时，通常将壁蜂茧置于壁蜂授粉箱内，然后固定在上述排放处，或固定在壁蜂授粉架上。

在壁蜂出房前几天，将巢块固定位置，距离地面为50～100厘米。巢口朝向东南方向，前方要开阔（图12-7）。注意遮阳防雨，可将巢块置于仅一面敞口的壁蜂巢箱中，其他五面防止雨水渗入（图12-8）。每个巢箱内装4～6捆巢管，有200～300根巢管（每巢管1个雌蜂茧），可供1 000～2 000平方米面积的苹果园授粉。

如果在巢块（巢板）附近缺少没有松散泥土时，应放上一些湿泥土供壁蜂筑巢时取用，或在巢块附近地面上挖一个坑（长40厘米、宽30厘米、深5厘米），坑底放塑料，坑内加水，存放泥土（图12-9），便于壁蜂用泥封堵巢管（图12-10）。

图12-7　壁蜂巢块的放置（引自徐希莲）

图12-8　壁蜂巢管的放置

图12-9　为壁蜂筑巢准备的泥湾（王星摄）　　　图12-10　巢管口的封泥（王星摄）

（1）影响壁蜂营巢率的因素。

气象因子：温度高、日照长，风速小，壁蜂的营巢率高；因此，在人工饲养壁蜂时，选择避风向阳的地点设置巢块（巢板），巢口向南或东南。

归巢能力：壁蜂主要在巢穴周围半径60～100米的范围内活动，当壁蜂飞行超过这个范围时，其归巢的能力下降。授粉后期蜜源短缺，壁蜂超范围采集造成迷巢，导致壁蜂营巢数急剧减少。

巢管类型及质量：壁蜂营巢时对巢管的内径、长度及管壁厚度等有较强的选择性。此外，巢口的光滑程度对营巢率影响也很大。管口粗糙有毛刺的，壁蜂几乎不选择。

蜜粉源状况：蜜粉源丰富时，可促使壁蜂大量筑巢繁殖，从而提高营巢率。相反，蜜粉源缺乏或枯竭时，壁蜂易迷巢，营巢率降低。

（2）巢块（巢板）保存。壁蜂繁殖已经结束，在巢管口封上泥盖。这时应将巢块转移到选定的场所集中存放。通常选择便于照顾、检查、干燥、避风御雨、安静、振动少、敌害少和无喷洒农药的地点。巢块（巢板）处一般放在朝南或东南的室外墙上，也可将巢管平放吊挂在通风阴凉的室内（图12-9）。一般情况下，巢块（巢板）可在室外自然温度和湿度下存放，巢内的蜂子可正常发育和冬眠，至翌年3～4月份出房。

（3）控制壁蜂出房时间。当需要推迟壁蜂出巢时间时，可将巢块（巢板）置于温度为1～5℃的冷藏室内冷藏，通过低温的环境延长巢内壁蜂的冬眠期，推迟出房时间。当需要壁蜂提前出房时，可将巢块（巢板）置于温度为12～14℃的温室内1～3天，通过温暖的环境催醒冬眠中的壁蜂，使它们提前出房。低温保存应在巢内壁蜂发育成熟，羽化之后才能进行。一般在10月份以后才能低温处理，最好是把低温处理时间安排在翌年早春。

三、壁蜂的授粉应用

1. 放蜂时间

授粉壁蜂放蜂时间，必须根据当地气候、果树种类、早春壁蜂成虫破茧出房的时间和成蜂活动时间确定，使得壁蜂成虫采集活动与果树花期相吻合，从而获得最佳的授粉效果。

授粉壁蜂放蜂时间，一般应在授粉果树开花前几天，即在果树开花前几天将营有壁蜂的巢块（巢板）安置在授粉区的适当位置。

在利用壁蜂为果树授粉的实践中，杏树授粉在花蕾露红时放蜂，梨树授粉在初花期为好。苹果树授粉在苹果树开花前2～3天放蜂。

2. 放蜂数量

采用壁蜂授粉，要根据果园内传粉昆虫资源及果树大小、授粉树配比等因素确定放蜂数量。盛果期苹果、梨、桃每亩放200～300头蜂茧，初果期及小年可减半。樱桃、杏、李每亩放300～500头蜂茧。

壁蜂授粉主要靠雌性蜂，授粉时的放蜂量以雌蜂数计量。

巢管内壁蜂总量=巢管长度÷巢室长度每支巢管雌蜂数=巢管内壁蜂总量÷2。

应用壁蜂授粉注意问题如下。

蜂箱的前面开阔，后面隐蔽，巢管开口朝东南方向。对壁蜂蜂箱和巢管进行防雨防潮处理，可减少成蜂的死亡。放蜂期间严禁喷施任何药剂。选择低毒、低残留农药，在放蜂前10～15天前进行喷施。

图12-11　壁蜂茧（王星摄）　　　图12-12　壁蜂破茧出房（王星摄）

为开花期较长的作物授粉时，可以进行分批放蜂，根据花量的多少决定放蜂的数量，提高壁蜂的有效利用率（图12-11）。在果树或者作物盛花期前3～7天进行放蜂，傍晚放蜂有利于壁蜂对于蜂巢的熟悉。释放壁蜂后，蜂箱位置千万不能移动。对于释放后5～7天不能破茧的壁蜂，可在蜂茧上喷水增加湿度或采用人工破茧的方法协助成蜂出茧，提高壁蜂利用率（图12-12）。在果园周边适当种植少量蜜源植物（油菜、萝卜等），在蜜粉源短缺时补充蜜粉，有利于提高壁蜂营巢率。

巢管的规格要适当，选择壁蜂喜欢的材质和颜色。苇管营巢比例最高，其次是纸管。保持泥湾湿润，隔3～5天补充一次水，保证授粉期间壁蜂饮水充足，泥湾中黏土比沙土更适合封闭巢管。

壁蜂出茧后，蚂蚁、蜘蛛、鸟类、胡蜂等都可以危害壁蜂，应加强对天敌的防治工作。

第十三章　切叶蜂饲养与授粉应用

一、切叶蜂的生物学特性

切叶蜂是指蜜蜂总科、切叶蜂科、切叶蜂属的昆虫，独栖生活，常在枯树或房梁上蛀孔营巢，将植物的叶片切为椭圆形片状，放在巢内，隔成巢室，贮存花粉和花蜜的糊状混合物供幼虫食用，因此得名切叶蜂（图13-1）。雌蜂喜欢选择嫩而薄，质地较柔软且充分展开的叶片为筑巢材料。由于雌蜂重复切叶，而使叶片留下一些很规则的缺刻（图13-2）。

苜蓿是优质牧草，异花授粉植物，其花器为蝶状花，构造特殊，蜜蜂等传粉者难以打开其花器而起到授粉作用，而切叶蜂其腹部的腹毛刷极易黏附花粉，能为苜蓿有效授粉。雌蜂访花时先降落在苜蓿花的龙骨上，在喙伸入花管的同时压开龙骨瓣，花蕊被释放出来，在蜂的胸部腹面轻轻打开，花粉飞溅于空中并黏附在蜂的体毛上，在访花过程中完成授粉工作。

加拿大主要生产苜蓿种子，20世纪60年代初引入苜蓿切叶蜂，苜蓿种子成倍增加，为牧草业和畜牧业做出了重要贡献。20世纪70年代，我国曾引进该蜂种，在北京、吉林、黑龙江、山东等地进行试验，苜蓿种子增产3～5倍。

在苜蓿制种和大豆杂交方面，切叶蜂具有极大的市场潜力。人工释放切叶蜂是大幅度提高苜蓿制种产量的关键技术之一。目前，我国苜蓿制种对蜂需求量巨大。研究表明，切叶蜂还是大豆杂交育种制种最具实用价值的传粉昆虫，因此切叶蜂的应用前景是非常广阔。我国切叶蜂资源丰富，如何筛选、利用本国的切叶蜂资源是一项重要课题。

（1）切叶蜂授粉的特点。切叶蜂是少数几种能够大量家养的昆虫之一。

专一性强。只采访少数植物，而且特别喜欢苜蓿，因此不易被附近的其他开花作物或杂草所吸引。

访花速度快。在高温、晴朗和苜蓿花稠密的条件下，每分钟可采访25朵花，迅速有效地为作物授粉。

便于饲养管理。切叶蜂活动范围小，在蜂箱附近30～50米范围内进行采访活动；喜欢集聚，愿意在人工巢房内筑巢；一年中在田间活动的时间只有40～50天，其余时间大都以相对静止的虫态在室内生活；切叶蜂以预蛹状态滞育越冬，能在0～10℃条件下储藏；很容易打破蜂茧滞育并能准确预测其羽化时间；需要设备少，一次投入可以反复使用。

图13-1　切叶蜂　　　　　　　　图13-2　采集叶子的切叶蜂

（2）生物学特性。雌蜂从茧中羽化出来就可与比它先羽化的雄蜂交配，交配后的雌蜂适当取食花粉和花蜜后，寻找合适的巢孔，开始切叶筑巢活动。首先用上颚在苜蓿或三叶草等植物切取长圆形小片带回蜂箱，从巢孔的底部开始做成筒状的巢室。然后采集花粉与花蜜，混合成花粉团填于室内。当花粉团装满巢室的2/3时，采集少量花蜜放于其中并产一枚卵，最后切取2～3块圆形叶片封住巢室，以同样的方式和步骤继续做后续巢室。各室头尾相接，1个10厘米长的巢孔最多可做10～11个巢室。最后在巢孔的入口处填一厚叠圆形叶片封住巢孔，防止天敌及恶劣环境的侵袭。1只雌蜂具有做30～40个巢室的能力，但在田间条件下，一般只做12～16个巢室。

温度和光照强度影响雌蜂一天飞行时间的早晚与长短，早晨气温升高到21℃以上，阳光充足时雌蜂才能出巢活动。雌蜂访花频率受天气条件、农业状况和苜蓿品种的影响。据观察，在低温、多云和植物花较稀的情况下，每分钟采访5朵花，而在高温、晴朗和植物花稠密的条件下，每分钟可采访25朵花。苜蓿的株行距适宜，有足够的空间使蜂能够方便地采访植物下部的花朵，则可大大提高首蓿的授粉率和蜂的授粉效力。

切叶蜂的发育受温度影响很大，在28℃、55%湿度条件下，各虫态的发育历期共计12.8天。而在35℃条件下只需9.6天。雌蜂与雄蜂在田间的存活情况有所不同，雄蜂大约15天死亡50%，少数可活到35天以上；在正常情况下，雌蜂40~50天死亡50%，少数可活到60天以上。切叶蜂寿命的长短可因天气不同而有所变化，在低温多雨的季节，每日飞行时间较短，寿命可以延长；在高温晴朗的情况下，每日飞行时间延长，寿命则缩短。强风暴雨对蜂的寿命影响极大。

二、切叶蜂的饲养技术

养蜂设备

（1）蜂巢。目前，比较流行的是用松木或聚苯乙烯薄板制成的孔径为6.4~7.0毫米，长为10~15厘米的凹槽板组装而成的蜂巢（图13-3）。这种蜂巢的优点是其中的槽板容易组装和拆卸，蜂茧容易从巢沟中脱出，对蜂和巢板都不会造成损害。在使用前必须对蜂箱进行清洁、消毒，严密组装。

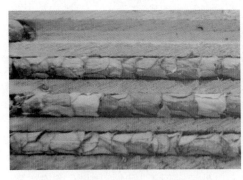

图13-3　切叶蜂巢（引自徐希莲）　　图13-4　切叶蜂及蜂茧（引自徐希莲）

（2）防护棚。防护棚能保护蜂箱和筑巢蜂免受恶劣天气袭击，使采集蜂容易看见并迅速返回蜂箱。防护棚的设计与选材必须考虑其遮光、隔热、防雨和防风等性能。

防护棚的背面和两侧漆出不同颜色相间的条纹、前面用彩色油漆画出一些图形可增强对蜂的吸引力和对巢孔的识别能力。在田间安放时，防护架面向东。一般雌蜂为首蓿授粉向东飞行的距离是向西的2倍，因此防护棚要放在靠西边的位置。

（3）孵育与放蜂。设计和使用适宜的孵蜂器十分必要。经过冬季冷藏的蜂茧发育整齐，可以准确地预测出羽化期，在温度为28～30℃、湿度为60%～70%的孵蜂器中孵育19～20天，雄蜂开始羽化，第21～22天雌蜂开始羽化，雌蜂羽化即可放蜂（图13-4）。

（4）收蜂、脱茧和冬储。在吉林、黑龙江省8月中下旬，将蜂箱从田间收回，温室下存放2～3周，让未成熟的幼虫达到吐丝结茧的预蛹阶段，然后取出蜂巢板，细心打开，将蜂茧取出，去除其中的碎叶、虫尸体等杂物后，在阴凉处干燥、测产、分装，密封储存于5℃的冷藏室中过冬，直到第二年需要时再取出。装蜂容器的相对湿度要保持在40%～50%范围内，防止蜂茧包叶发霉，冬储期间可打开容器2～3次进行检查和换气。适度低温储存可抑制预蛹的发育和天敌昆虫的活动，防止其中的寄生和捕食生物在冬储期间对蜂茧造成伤害。

（5）病虫害防治。切叶蜂蜂箱内储存的花粉、花蜜和发育中的幼虫是许多寄生和捕食性昆虫喜爱的食物。目前，我国已发现十余种能明显造成危害的虫，如单齿腿长尾小蜂、啮小蜂和中华食蜂郭公虫等。在田间，天敌昆虫喜欢从蜂箱和巢板间的缝隙进入，从背面侵入巢孔危害巢室中的幼虫。因此，制做精细、组装严密的蜂箱有较好的预防敌害功能。在室内储藏、脱茧、干燥等过程中，要尽量清除寄生和捕食性天敌的侵袭。

三、切叶蜂的授粉应用

1. 放蜂时间

放蜂时间要与花期同步，苜蓿初花期开始放蜂。可根据天气预报预测苜蓿的开花期，在开花前21天开始孵蜂。降低或提高孵蜂温度，可使蜂延迟或提前羽化。

2. 授粉期间的管理

苜蓿开花初期，将切叶蜂专用蜂巢和蜂茧放入田间，蜂巢面向东南方向，每亩放蜂2 000～3 000只，如果在比较温暖、自然授粉昆虫较多的地区，每亩放1 500只左右即可。除在田间设置水源外，其周围还应种植一些蔷薇科的植物，如玫瑰、月季等，因为该植物叶片有利于切叶蜂繁殖。

切叶蜂授粉注意事项：

花期杜绝使用各种杀虫药物，在放蜂前1～2周选用低毒杀虫剂控制苜蓿害虫；初花期释放大量授粉蜂，能达到快速授粉的目的；在切叶蜂繁殖期间，尽量防止其他寄生蜂侵入切叶蜂巢管；授粉适宜温度范围为20～30℃。

主要参考文献

安城，黎亮，赵海川，等. 2014. 温室作物的理想授粉昆虫——熊蜂[J]. 新农业（23）：14-16.

安城，王星. 2015. 温室熊蜂授粉的影响因素及常见问题处理[J]. 黑龙江畜牧兽医（7）：71-72.

安建东，黄家兴，Paul H.WILLIAMS，等. 2010. 河北地区熊蜂物种多样性与蜂群繁育特性[J]. 应用生态学报，21（6）：1 542-1 550.

董永进，朱光武. 2016. 真实蜂巢的力学分析和航天载荷结构仿生设计[J]. 宇航学报，37（3）：262-267.

李继莲，吴杰，蒋皖，等. 2007. 熊蜂微孢子虫对熊蜂的危害[J]. 蜜蜂杂志（9）：5-8.

刘先蜀. 2009. 蜜蜂育种技术[M]. 北京：金盾出版社.

刘新宇，高崇东. 2011. 熊蜂人工繁殖及其授粉应用[M]. 杨凌：西北农林科技大学出版社.

马德风，梁诗魁. 1993. 中国蜜粉源植物及利用[M]. 北京：农业出版社.

彭文君，安建东. 2008. 无公害蜂产品安全生产手册[M]. 北京：中国农业出版社.

潭江丽，C.van Achterberg，陈学新. 2015. 致命的胡蜂[M]. 北京：科学出版社.

王凤贺，徐希莲. 2016. 蜂类授粉研究与应用[M]. 北京：中国农业科学技术出版社.

王星. 2013. 养蜂实用技术[M]. 北京：化学工业出版社.

王星. 2008. "爬蜂病"的诊断与鉴别[J]. 黑龙江畜牧兽医（4）.89-90.

王星. 2005. 辽东地区蜂群春季管理[J]. 中国养蜂（2）：13-14.

王星. 2006. 辽东地区小转地放蜂路线及蜂群管理[J]. 中国蜂业（5）：21-22.

王星. 2011. 辽宁地区蜜蜂室外越冬管理要点[J]. 黑龙江畜牧兽医（4）：99-100.

王星. 2009. 蜜蜂病害常用药物分类与使用[J]. 黑龙江畜牧兽医（4）：108-109.

王星. 2007. 蜜蜂检疫存在的问题及建议[J]. 中国蜂业（12）：34-35.

王星. 2008. 蜜蜂为温室草莓授粉的管理措施[J]. 黑龙江畜牧兽医（2）：118-119.

王星. 2009. 饲养意蜂对中蜂及生态的影响[J]. 中国蜂业（3）：51-52.

王星. 2006. 榨蜡方法的改进[J]. 蜜蜂杂志（12）：12.

魏梦宇，王星. 2017. 熊蜂行为的研究进展[J]. 黑龙江畜牧兽医（3）：63-65.

吴杰，李继莲，等. 2017. 熊蜂生物学研究[M]. 北京：化学工业出版社.

吴杰. 2012. 蜜蜂学[M]. 北京：中国农业出版社.

徐环李，杨俊伟，孙洁茹. 2009. 我国野生传粉蜂的研究现状与保护策略[J]. 植物保护学报36
（4）：371-376.

徐龙龙，吴杰，郭军，等. 2014. 共生菌群在熊蜂生长发育过程中的动态变化[J]. 中国农业科
学，47（10）：2 030-2 037.

徐希莲，陈强，王凤贺，等. 2010. 苜蓿切叶蜂的授粉应用与发展前景[J]. 北方园艺（7）：
201-203.

徐希莲，王凤贺. 2014. 图说蜂授粉技术[M]. 北京：中国农业科学技术出版社.

徐希莲，王凤鹤，杨甫，等. 2012. 切叶蜂及其授粉管理技术[J]. 黑龙江畜牧兽医（21）：
140-142.

于尔根·陶茨. 2008. 蜜蜂的神奇世界[M]. 苏松坤，译. 北京：科学出版社.

张巍巍. 2014. 昆虫家谱[M]. 重庆：重庆大学出版社.

张中印，吴黎明，李卫海. 2011. 实用养蜂新技术[M]. 北京：化学工业出版社.

赵中华，黄家兴，张礼生. 2016. 蜜蜂授粉和绿色防控技术集成[M]. 北京：农业出版社.

PH WILLIAMS，J AN，J HUANG. 2011. The bumblebees of the subgenus Subterraneobombus：
integrating evidence from morphology and DNA barcodes（Hymenoptera，Apidae，
Bombus）[J]. Zoological Journal，163（3）：813-862.

附　　录

1. 养蜂技术培训单位

福建农林大学是全国唯一设置蜂学学院的高等学府，志愿从事蜂业工作的高中生可以联系报考。吉林省养蜂科学研究所函授部，浙江大学动物科学学院蜂业研究所免费培训养蜂技术人员。辽东学院农学院开设农民技术员养蜂专业培训班，免费培训养蜂技术人员。

2. 养蜂业领导机关和科研机构

农业农村部畜牧局畜牧处领导全国的养蜂生产，各省、自治区、直辖市大部分由畜牧部门领导，养蜂发达的省、市、县为加强养蜂生产的领导还成立了养蜂管理站。

主要的蜜蜂科研单位有中国农业科学院蜜蜂研究所、江西省养蜂研究所、吉林省养蜂科学研究所、北京市蜂产品研究所、北京市农林科学院畜牧研究所蜜蜂研究室、甘肃省养蜂研究所、黑龙江省养蜂试验站、广东省昆虫研究所蜜蜂研究室、郑州市农业科学研究所养蜂分所、浙江大学动物科学学院蜂业研究所、云南农业大学东方蜜蜂研究所、贵州省畜牧兽医科学研究所禽蜂研究室、江苏农学院蜜蜂研究室、福建农林大学蜂疗研究所等。此外，一些省、自治区还在县（市）一级设有蜂业研究机构。

3. 养蜂群众组织

全国性养蜂组织有中国养蜂学会、中国蜂产品协会。

大部分省、自治区、直辖市有养蜂学（协）会。养蜂发达的县、市也有养蜂协会。

中国养蜂学会　地址：北京市香山卧佛寺西侧　邮编：100093　电话：（010）62591848

中国蜂产品协会　地址：北京市复兴门内大街甲45号　邮编：100801　电话：（010）66011291

4. 养蜂报刊杂志

《中国蜂业》编辑部　　地址：北京市香山卧佛寺西侧　　邮编：100093　　电话：（010）62595931，中国农业科学院蜜蜂研究所编辑出版，月刊。

《蜜蜂杂志》编辑部　　地址：云南省昆明市官渡区江岸小区　　邮编：650231　　电话：（0871）5179873，云南省农业科学院情报所主办，月刊。

《养蜂科技》编辑部　　地址：江西省南昌市向塘镇向东路50号　　邮编：330201　　电话：（0791）5030416，江西省养蜂研究所和江西省养蜂学会主办，双月刊。

《中国蜂产品报》　　地址：北京市复兴门内大街甲45号　　邮编：100801　　电话：（010）66011291，中国蜂产品协会主办、北京市蜂产品公司协办，每月出版2期。

5. 出售蜂王、蜂种的单位

中国农业科学院蜜蜂研究所育种中心　　地址：北京市香山卧佛寺　　邮编：100093　　电话：（010）82595997

浙江大学动物科学学院蜂业研究所　　地址：浙江杭州市凯旋路268号　　邮编：310029　　电话：（0571）86044551，86971095

吉林省蜜蜂育种场　　地址：吉林省吉林市丰满街　　邮编：132108　　电话：（0432）4690952

山东省实验种蜂场　　地址：山东省泰安市虎山路35号　　邮编：271000　　电话：（0538）8216287，6663962

辽宁省蜜蜂原种场　　地址：辽宁省兴城市温泉街油田路3号　　邮编：125100　　电话：（0429）5481399

东北黑蜂原种场　　地址：黑龙江省饶河县　　邮编：155700　　电话：（0469）5622539

江西省种蜂场　　地址：江西省南昌县向塘镇向东路50号　　邮编：330201　　电话：（0791）5033814，6026063

沈育初蜂场　　地址：浙江省嵊州市嵊州大道154弄1幢2单元304室　　邮编：312400电话：（0575）3014661

6. 出售蜂具、蜂药、巢础的单位

徐氏蜜蜂巢础机厂　　地址：黑龙江省牡丹江市温春镇春中路7号，邮编：157041　　电话：（0453）6402281，6490452

东北林业大学蜂业研究室（售塑料巢脾）　　地址：黑龙江省哈尔滨市和平路20号15号信箱　邮编：150040　　电话：（0451）2116579

金辉蜂产品有限公司　地址：黑龙江省尚志县韦河镇和平路127号　邮编：150623　电话：（0451）53485120，53487498

益生蜂产品商店　地址：黑龙江省尚志县韦河镇和平路135号邮编：150623　电话：（0451）3485388，3489989

吉蜜蜂业产品商店　地址：吉林省吉林市吉林大街乾丰园2号楼蜜蜂园，邮编：132001电话：（0432）2542372，2761000

翠康蜜蜂园　地址：吉林省吉林市船营区吉林大街318号　邮编：132011　电话：（0432）2553122

喀左县蜂业服务部　地址：辽宁省喀左县　邮编：010200电话：（0471）4875148，4860911

黄山蜂产品有限公司（售巢础及蜂具）　地址：河北省石家庄市易县凌云册乡黄山村邮编：074200电话：（0312）8290858

金星蜂产品加工厂　地址：河北省阜城霞口朱托　邮编：053701　电话：（0318）4796104

生宝蜂业园（售塑料巢蜜盒、活动王台盒）　地址：山东省梁山县0239142信箱　邮编：274800　电话：（0537）7326298

恒达联合药业有限公司　地址：山西省绛县厢城路西段　邮编：043600　电话：（0359）6522823

振兴鱼蜂药业有限公司　地址：山西省绛县城西科技开发区8号　邮编：043600　电话：8008069088

前进蜂产品加工厂　地址：河南省长葛市官亭乡尚庄　邮编：461502　电话：（0374）6646876

恒翔巢础厂　地址：河南省镇平县曲屯曹营　邮编：474275　电话：（0377）5689994

甘肃省养蜂研究所蜂药厂　地址：甘肃省天水市北道区桥南开发区　邮编：741020　电话：（0938）2511215

天意生物技术开发有限公司（售EM原露）　地址：江西省南昌市省政府大院省农业厅内邮编：330046　电话：（0791）6229858，6216058

上海汇开经贸有限公司（售塑料巢础）　地址：上海闵行区航华三村四街坊278号601室邮编：201101　电话：（021）62287110

缙云县蜂业实验厂地址：浙江省缙云县大桥西路17号　邮编：3214001　电话：（0578）3123402

兴华蜂具厂　地址：浙江省慈溪市杭州湾镇劳家棣　邮编：315335　电话：（0574）63499800

佳佳塑料蜂具厂　地址：浙江省慈溪市长河镇大云村　邮编：315326　电话：（0574）63413114

祖根塑料蜂具厂　地址：浙江省慈溪市范市工业开发区　邮编：315312　电话：（0574）63705298

友联竹木综合厂　地址：浙江省龙泉市北河街147-2号　邮编：323700　电话：（0578）7250255

歙县蜂业所　地址：安徽省歙县大北街172号　邮编：245200　电话：（0559）6531275

新正蜂具厂　地址：安徽省黄山市屯溪区戴震路80号　邮编：245000　电话：（0559）2535711

鑫海蜂具制品厂　地址：安徽省黄山市屯溪区奕棋镇　邮编：245021　电话：（0559）2563337

休宁县林场蜂具加工厂　地址：安徽省休宁县源芳乡梓源村　邮编：245411　电话：（0559）7771680

汪氏动物保健有限责任公司（原资阳蜂药厂）　地址：四川省成都市双流县西南航空港经济开发区文星镇　邮编：610207　电话：（028）85874381

致远塑料厂（原二轻供销公司，售分蜜机）　地址：四川省乐山市犍为县　邮编：614400　电话：（0833）-4221359

卓宇蜂业有限公司　地址：河南省长葛市官亭尚庄蜂业园　邮编：461502　电话：（0374）6846777

天香营养食品厂（售大豆蛋白粉）　地址：江苏省宿迁市府东路9-302号　邮编：223800　电话：（0527）84210776

（以上内容以实际为准，仅供参考）